다음 세대를 생각하는
인문교양 시리즈

손잡지 않고
살아남은 생명은 없다

더불어 살아가기 위한
생명 이야기

최재천 지음

샘터

아름다운 방황을 하라

　귀양을 가고 싶다고 입버릇처럼 노래를 했습니다. 우리나라 역사를 가만히 훑어보니 대학자大學者들은 한결같이 유배지에서 위대한 학문적 업적을 내셨더군요. 다산 정약용, 추사 김정희, 구암 허준 선생님……. 그분들도 그랬겠지만 저 또한 평소에는 너무 바빠 깊이 있는 연구와 집필을 하기가 쉽지 않습니다.

　그랬더니 얼마 전 진짜 충남 서천으로 유배를 당했습니다. 환경부에서 새로 설립한 국립생태원의 초대 원장이 되어 뜻하지 않게 그토록 원하던 귀양 생활을 시작했습니다. 그런데 이를 어쩝니까? 예전보다 몇 배 더 바빠졌습니다. 이래저래 저는 대학자가 되긴 글렀나 봅니다.

　귀양을 가면 꼭 하고 싶은 일이 있었습니다. 새로운 개념의 생태학 교과서를 쓰고 싶었습니다. 책을 여러 권 썼습니다만, 사실 교과서를 써본 경험은 없습니다. 생태학자들은 자연 생태계의 종간 관계를 흔히 경쟁, 포식, 기생, 공생의 네 종류로 나눕니다. 기본적으로 서로에게 해가 되는 관계가 경쟁이고 서로에게 득이 되는 관계는 공생입니다.

한편 한 종은 이득을 보고 다른 종은 손해를 보는 관계로 포식 또는 기생이 있습니다.

저도 이렇게 배웠고 교수 시절 내내 그대로 가르쳤습니다. 그러나 언제부터인가 나는 경쟁을 다른 관계들과 동일한 차원에서 비교하는 것은 지나치게 평면적이라는 생각이 들었습니다. 자원은 한정되어 있는데 그걸 원하는 존재들은 늘 넘쳐 나는 상황에서 경쟁은 피할 수 없는 삶의 현실입니다. 그 경쟁에서 살아남기 위해 자연은 맞붙어 상대를 제압하는 것 외에도 포식, 기생, 공생 등을 고안해 낸 것입니다. 자연의 관계구도를 이처럼 입체적으로 조망하면 나를 둘러싼 모든 상대를 제거하려고 혈안이 되어 있는 것만이 삶의 전부가 아니라는 걸 깨닫게 됩니다.

지금 이 지구에서 가장 넓은 땅을 차지하고 있는 지주가 누구인지 아시나요? 바로 벼, 보리, 밀, 옥수수 등 곡류 식물입니다. 불과 1만여 년 전까지만 해도 저 들판에 말없이 피고 지던 잡초에 불과하던 그들이 무슨 재주로 졸지에 대지주가 될 수 있었을까요? 그건 다름 아니라 우리 인간이 그들을 경작해 주었기 때문입니다.

불과 25만 년 전에 등장하여 사자와 하이에나에 쫓기며 아프리카 초원을 헤매던 하잘것없는 한 종의 영장류였던 인간이 오늘날 만물의 영장으로 등극할 수 있었던 것은 자연계에서 가장 대규모의 공생 사업을 벌여 성공한 데 기인합니다.

그런데 어느덧 우리는 스스로 자연과 더 이상 아무런 상관없이 사는 존재라고 착각하며 삽니다. 인간은 분명 자연이 창조해 낸 가장 위대한 걸작 중의 하나입니다. 그러나 먼 훗날 우리가 멸종한 다음 또 다른 지적인 동물이 《인간실록》을 편찬한다면, 나는 그 제목이 '스스로 갈 길을 재촉하며 짧고 굵게 살다 간 동물'이 될 것이라고 생각합니다. 손잡지 않고 살아남은 생명은 없습니다.

언젠가 침팬지 연구의 대가 제인 구달 선생님이 방한하셨을 때 이런 얘기를 하셨어요. 대학 문턱에도 가본 적 없던 선생님이 학자로서 독립하려면 박사학위가 필요했답니다. 그래서 구달 선생님으로 하여금 침팬지 연구를 시작하도록 만든 인류학자 루이스 리키 박사님의 주선으로 영국의 명문 케임브리지대에서 박사과정을 시작하게 되었는데, 그동안 해온 연구 결과를 들고 그곳 교수님들을 만나는 첫 자리에서 구달 선생님은 당신이 한 모든 연구가 다 틀렸다는 호된 비판을 받았습니다.

침팬지들에게 번호를 붙여야 하는데 이름을 붙였으며 침팬지들이 마치 인간처럼 감정을 가진 것같이 기록한 것에 대해 전혀 과학적이지 않다고 야단을 맞았답니다. 그러나 이제는 구달 선생님이 열어젖힌 길을 따라 침팬지뿐 아니라 코끼리와 돌고래, 까마귀와 까치는 물론 딱히 두뇌랄 것도 없는 문어에 이르기까지 동물의 개성과 감정에 관한 연구가 활발하게 진행되고 있습니다. 불과 반세기 전만 해도 웃음거리였던 얘기들이 지금은 가장 중요한 연구 주제로 다뤄지고 있습니다.

아무도 가지 않은 길을 처음으로 헤쳐 나가는 일이 쉬울 리 없겠지요? 그러나 그처럼 멋진 일이 세상에 어디 또 있겠습니까? 남들이 다 가는 길로 가지 말고 나만의 길을 개척하기 바랍니다. 장래 어떤 직업을 택할까, 대학에서 어떤 전공을 할까 고민하는 친구들에게 나는 줄이 짧은 곳에 가서 서라고 권하고 싶습니다.

자신의 인생을 기획하려면 적어도 20년은 내다봐야 합니다. 대개 30대 후반에서 40대 초반에 가장 활발히 일하게 되니까요. 지금 잘나가는 분야에는 그만큼 지원자도 많을 겁니다. 요즘처럼 사회 변화가 빠른 시대에 지금 잘나가는 분야가 20년 후에도 여전히 가장 인기 있는 분야로 유지될 수 있을까요? 저는 어렵다고 봅니다. 만일 운 좋게 그리된다 하더라도 여러분은 그 긴 줄에 서 있는 다른 이들과 치열한 경쟁을 벌여야 할 겁니다.

만일 여러분이 좋아하는 분야의 줄이 짧다면 기뻐하십시오. 언젠가 운 좋게 그 분야가 각광을 받기 시작하면 졸지에 최고의 권위자가 될 수 있는 것입니다. 그렇다고 일부러 좋아하지도 않는 분야인데 줄이 짧다고 해서 억지로 거기 줄을 서라는 얘기는 아닙니다. 마침 내가 좋아하는 분야의 줄이 짧으면 쾌재를 불러도 된다는 겁니다.

주변 사람들은 분명히 말릴 겁니다. 흔들리지 마십시오. 나는 지금까지 살면서 자기가 가장 좋아하는 일을 무지하게 열심히 하면서 굶어 죽은 사람을 본 적이 없습니다. 악착같이 찾으십시오. 눈 뜨고 있는 시간 내내 내가 가장 하고 싶은 일이 무엇인지. 이를 나는 '아름다운 방황'이라 부릅니다. 일단 찾으면 앞뒤 좌우 살필 것 없이 달리면 됩니다.

아름다운 방황 끝에 아름다운 삶이 있습니다.

충남 서천 국립생태원에서
최재천

| 차 례 |

1장.

알면
사랑하게 된다

나는 학생들 가운데서도 이른바 '촌놈'을 좋아합니다. 다른 자연과학 분야에 비해 제도적인 괄시도 받고 연구 여건이 좋은 것도 아닌데 해마다 동물행동학 분야에 몸을 던지겠노라 찾아오는 학생이 줄잡아 서른 명이 넘습니다.

나는 이 친구들에게 우선 굶어도 괜찮겠느냐고 묻습니다. 학위를 마쳤을 때 직장이 기다리고 있다는 보장이 없다는 걸 강조하며, 이를테면 삶의 가치관을 묻는 것이지요. 대부분의 학생들은 동물을 관찰하는 게 좋아서 하고 싶은 것이지 밥 먹는 것은 걱정하지 않는다고 대답합니다.

그다음으로 내가 묻는 질문은 다분히 문제가 될 소지가 있는 것입니다. 출신 성분을 따지자는 이야기처럼 들릴 수도 있기 때문입니다. 나는 학생들에게 어디서 자랐느냐고 묻습니다. 시골에서 자랐다고 하면 솔직히 말해 괜히 마음에 듭니다. 촌놈이라야 이 분야를 전공하기 쉽기 때문입니다.

도회에서 자랐다고 동물행동학이나 생태학을 할 수 없다는 말은 아닙니다. 하지만 텔레비전에서 동물 다큐멘터리를 보다 갑자기 흥미를 느낀 사람과 어릴 때부터 산과 들에서 동물과 함께 지낸 사람과는 분명히 차이가 있습니다.

사실 동물 다큐멘터리는 몇 달 또는 몇 년간 어렵게 촬영한 영상들 중에서 재미있는 부분만을 편집해서 보여 주는 것입니다. 실제로 야외에서 동물들을 관찰해 보면 날이면 날마다 다큐멘터리에 나오는 동물들처럼 멋진 연기를 보여 주는 것이 아닙니다. 그래서 동물행동학은 '은근과 끈기'가 절대적으로 필요합니다.

나 역시 촌놈 출신입니다. 고향인 강릉은 어린 내게 늘 동물의 왕국이었습니다. 물론 당시에는 서울에도 맹꽁이가 울었고, 잠자리채에 거미줄을 묻혀 왕잠자리를 잡을 수 있었습니다. 그래도 강릉에 비할 바는 아니었습니다.

지금 생각해도 가장 가슴 두근거리는 일은 삼촌들과 논병아리를 잡으러 다녔던 것입니다. 논병아리는 이제 우리 강산에서 보기 힘든 새가 되고 말았지만 당시만 해도 강릉에는 퍽 흔했습니다. 논 한복판에 작은 둥지를 띄우고 그 안에 네댓 개의 알을 품고 있는 논병아리 어미를 포위해 들어갈 때 느끼던 흥분을 나는 아직도 잊지 못합니다. 지금 생각하면 참으로 못할 짓을 한 것이지만, 그때는 그게 자연을 사랑하는 내 나름의 방식이었습니다.

허구한 날 할아버지를 비롯한 온 집안 식구들이 들에 일 나가고 없는 빈집을 지킬 때면, 나는 종종 쥐 새끼를 가지고 놀았습니다. 이 세상에 새끼 쥐만큼 예쁜 동물은 없을 겁니다. 새끼 불도그를 손가락 크기로 압축시킨 모습이 영락없이 새끼 쥐입니다.

아직 몸에 털도 나지 않았고 쭈글쭈글 찌그러진 얼굴이란 정말 귀여워 입에 넣고 빨고 싶을 지경이지요. 어렸을 땐 몇 번 빨기도 했습니다. 초가집 지붕을 덮은 지푸라기 속이나 벼 낟가리 안을 조금만 뒤지면 어미는 먹이를 구하러 나가고 덩그러니 빈집을 지키는 새끼 쥐들을 찾을 수 있었습니다. 나는 그들을 한참 동안 손바닥에 올려놓고 주물럭거리며 놀다가 언제나 집으로 돌려보냈습니다.

동물학자가 되어서야 깨달은 사실이지만, 나의 따뜻한 배려에도 새끼 쥐들은 모두 죽음을 면치 못했을 것입니다. 그것도 어미로부터. 동물들은 우리와 달리 주로 냄새로 서로를 인식합니다. 사람의 손을 탄 새끼 쥐들은 체취가 달라져 어미에게는 더 이상 자식이 아니라 먹이일 뿐입니다.

지금이라면 하지 않았을 일을 저지른 게 또 있습니다. 이제는 어디서 발견만 돼도 반가운 뉴스거리가 되지만 당시에는 흔하디흔하던 쇠똥구리가 바로 나에게 고문을 당한 불쌍한 동물입니다.

아침에 일어나자마자 소를 묶어 두는 소나무 밑에 가서 쇠똥구리 한 마리를 손에 쥐고는 거의 하루 종일 놓아 주지 않았습니다. 밥을 먹을 때도 손을 바꿔 가며 악착같이 쥐고 있었습니다. 머리 한복판에 나 있는 강력한 뿔을 이용하여 내 손가락 사이로 비집고 나오려는 녀석을 나 역시 강력하게 저지하며 좀처럼 놓아 주지 않았지요. 그런 점에서 암컷보다 수컷이 훨씬 재미있었습니다.

만일 지금 나보다 훨씬 거대한 동물이 나를 손에 쥐고 그렇게 하루 종일 즐긴다고 상상해 보면, 내 손아귀에 붙들려 있던 그 모든 쇠똥구리들에게 이제라도 진심으로 사과의 말을 전하고 싶습니다.

서울로 이사한 후에도 강릉에 대한 나의 그리움은 여전했습니다. 한 달에 적어도 두어 번은 강릉 산야에서 뛰노는 꿈을 꿨습니다. 대낮에도 눈만 감으면 고향 집 감나무가 떠오르고 동해 바다 냄새와 뒷산의 솔 향이 코끝을 맴돌았습니다. 도대체 어떤 직업을 가져야 강릉에 자주 가서 개울물에 발을 담글 수 있나 생각에 생각을 거듭했습니다.

그리고 지금은 생명이란 무엇인가를 매일 연구하며 삽니다. 내가 생물학을 하게 된 과정은 뒤에서 따로 다시 이야기하겠습니다.

손잡지 않고 살아남은 생명은 없다

생명이란
무엇인가?

생명은 모두 이어져 있다

생명이란 무엇일까요? 나는 생명의 가장 보편적인 특성이 뜻밖에도 죽음이라는 것을 깨달았습니다. 참 이율배반적이고 신기한 일입니다. 남들은 이미 다 발견한 사실을 뒤늦게 혼자 깨닫고는 며칠을 흥분했었지요. 모든 생명체는 언젠가 반드시 죽음을 맞이합니다. 그런데 그러한 생명의 한계성ephemerality은 어디까지나 생명체의 관점에서 본 생명의 속성입니다. 다른 관점에서 바라보면 문제가 전혀 달라집니다.

우리 몸에는 두 가지 세포가 있습니다. 하나는 체세포이고 하나는 생식 세포입니다. 우리 몸을 구성하는 거의 대부분의 세포가 체세포이고, 남자는 정소, 여자는 난소에서 생식 세포인 정자와 난자를 만들어 냅니다. 사실 체세포 속에 있는 DNA는 별 볼 일 없는 것들입니다. 자식, 그러니까 후세를 남기는 DNA가 아니기 때문입니다.

난자와 정자가 만나 수정란이 되면 곧바로 세포 분열을 시작합니다. 그 한 세포로부터 우리 몸을 이루는 모든 세포들이 만들어집니다. 수정란이 둘로 갈리고 또 넷이 되고 여덟이 되는 과정을 반복하다 어느 순간부터 누구는 간세포가 되고 누구는 근육 세포가 되며, 또 누구는 장차 난자와 정자를 생성할 생식 기관을 만듭니다.

누가 과연 이들의 운명을 결정하는 것일까요? 체세포 입장에서 보면 참 억울한 일일 수도 있습니다. '같은 세포에서 나왔는데 왜 나는 난소에 가 있지 않고 간에 가서 매일 술만 먹고 살아야 할까?' 하지만 그러지 않고 생식 세포 속에 들어 있는 유전자들이 후세에 잘 전달될 수 있도록 힘을 모아 줍니다.

생명체는 누구나 어김없이 죽을 수밖에 없지만, 그의 형질은 유전자를 통해 길이길이 자손 대대로 전달될 수 있습니다. 세포와 세포 안에 들어 있는 유전자, 즉 DNA의 관점에서 보면 실제로 지구상에 있는 모든 생명은 태초부터 지금까지 한 번도 끊긴 적 없이 이어져 왔습니다.

이것이 바로 생명의 영속성perpetuity입니다. 생명의 영속성은 굉장히 중요합니다. 하나의 생명체의 입장에서 보면 분명히 죽어 없어지는 한

계성을 띠지만, 그 생명체를 만들어 낸 DNA 입장에서 보면 생명은 한 번도 죽은 적이 없는, 끊이지 않은 영속성을 지니고 있습니다. 그래서 《이기적인 유전자》의 저자인 옥스퍼드 대학 진화 생물학자 리처드 도킨스Richard Dawkins는 DNA를 '불멸의 나선'이며, 생명체는 그 불멸의 나선을 복제하기 위해 태어난 '생존 기계'에 불과하다고 말했지요.

우리는 앞마당의 닭들이 싸움도 하고 짝짓기도 하고 알을 낳으며 살아가기 때문에 '닭'이라는 생명의 주체가 바로 그 닭들이라고 생각합니다. 하지만 실제로는 달걀이 닭을 낳는 것입니다. 달걀 속에 있는 유전자가 닭을 만들어 달걀을 생산하다 여의치 않으면 그 닭을 없애고, 또 다른 닭을 만들어 달걀 생산을 계속하는 게 닭의 삶이라는 것입니다. 결국 닭이란 임시적인 존재이고, 닭을 만들어 낸 달걀 속에 있는 DNA가 영원한 존재입니다. 생명체의 삶은 유한하지만 유전자의 관점에서 바라본 생명은 '영속성'을 지니는 것이지요.

찰스 다윈Charles Robert Darwin, 1809~1882이 이야기한 바에 따르면, 이 지구상의 다양한 생물들은 모두 태초에 우연히 생성된 어느 성공적인 복제자 하나로부터 분화되어 나왔습니다. 오랜 세월이 흘러 저마다 보다 효율적인 복제를 위하여 다른 '생존 기계' 안에 들어앉아 있지만 과거로 거슬러 올라가면 모두 하나의 생명체에서 나온 것입니다. 그러니까 생명은 영속성도 지니지만, 횡적으로 볼 때 나와 개미, 개미와 까치, 까치와 은행나무 이 모두가 다 따지고 보면 예전에 하나의 DNA에서 나온 일원성monism을 지닙니다.

우리는 모두 한 집안입니다. 그러니 생명은 또 '연속'되어 있습니다. 전부 연결되어 있는 것입니다. 그런 줄도 모르고 우리는 다른 생명체들을 무참하게 없애고, 그들이 살 수 있는 좋은 환경을 인위적으로 파괴하며 살고 있습니다. 과연 우리한테 그럴 권리가 있는 것일까요? 태초의 DNA가 지금 무덤 속에서 우리를 보고 있다면 아마 땅을 칠 것입니다. 과연 하느님이, 부처님이 우리가 하고 있는 일을 훌륭한 일이라고 할까요?

동물도 생각할 수 있을까?

미국 너구리 사진입니다. 우리나라 너구리와는 달리 도둑질하러 온 사람처럼 가면이 아주 뚜렷하게 보입니다. 미국에서 살 때 뒤뜰에 자주 나타나던 녀석인데, 나무 위에서 나를 내려다보면서 '언제 이 집을 털어야 되나' 하고 생각하는 것 같습니다.

이 사진 속 너구리의 표정을 볼 때면 '동물은 전혀 생각할 줄 모르는 존재'라고 이야기하는 사람의 지능을 의심하게 됩니다. 저건 그냥 가만히 있는 게 아니라 무언가 생각하고 고민하고 계산하고 있는 표정임에 틀림없습니다. 하지만 그런 이야기는 동물학자인 내가 아니라도 누구나 할 수 있습니다. 동물행동학으로 박사학위까지 받은 사람인 내가 하는 이야기는 일반인이 하는 것과는 달라야 합니다. 즉, 과학적인 근거를 가지고 말해야 합니다.

집에서 반려동물을 기르는 사람들은 흔히 자식 자랑하는 것처럼 "우리 집 개가 이 세상에서 제일 똑똑하다"고 말합니다. 개를 키워 본 사람들은 알겠지만, 그 개가 내 감정을 읽고 또 자기감정을 표현할 줄 안다는 것을 느낄 수 있습니다.

한동안 우리 집 개가 임신했다고 얼마나 유세를 떨었는지 모릅니다. 한밤중인 새벽 2시에도 배고프다고 나를 깨웠습니다. 옆에 와서 끙끙대면, 나는 "야, 좀 전에 먹었잖아" 하고 대화도 합니다. 그런데 어떻게 동물이 생각이 없는 기계 같은 존재라고 말할 수 있겠어요? 다만 그 사실을 어떻게 과학적으로 입증해 내느냐, 그것은 굉장히 어려운 일입니다.

그런 것을 연구하는 학문이 바로 동물행동학입니다. 그리고 동물행동학을 연구하다 보면 그 속에서 인간의 모습을 다 볼 수 있습니다. 내 책 《생명이 있는 것은 다 아름답다》의 소제목 중 하나도 '동물 속에 인간이 보인다'입니다.

하지만 이 이야기를 잘못하면 성경을 액면 그대로 믿는 기독교 신자가 많은 우리나라에서는 욕먹기 십상입니다. 창세기 제1장에 따르면 하나님께서 이 세상을 창조하실 때 우리 인간만은 특별히 당신의 형상대로 만드셨다고 합니다. 다른 동물들이 모두 자연의 선택을 받는 동안, 우리 인간만 홀로 신의 선택을 받았다는 것입니다. 그러니 보수적인 기독교 성향을 가진 사람들은 "그러면 인간이 동물하고 같다는 거냐"고 흥분합니다.

하지만 나는 인간이 동물하고 별 차이가 없다고 생각합니다. 물론 우리 인간이 굉장히 특별한 존재임에는 틀림이 없습니다. 그렇지만 '인간은 다른 동물과는 다르다'고 하는 사람 앞에서는 그 말을 어떻게 이해해야 할지 몰라 머리를 긁적이게 됩니다.

'우리는 동물이 아니다'라고 말하는 것처럼 들리는데, 그럼 우리는 식물인가요? 동물이 아니라고 하면, 이분법적으로는 식물이 되는 것입니다. 그것도 아니면 무생물이겠지요. 분명히 우리는 움직여 다니는 동물인데, 왜 동물이라고 하면 기분 나빠 하는 것일까요? 그럴 이유가 없는데 말입니다. 물론 인간은 굉장히 특별한 동물입니다. 하지만 동물임에는 틀림없습니다.

생물의 계통을 잡아 주고 분류하고 명명하는 분류학이라는 학문이 있습니다. 그 생물이 언제 어떻게 진화해서 분화되어 나왔느냐 하는 것을 가지고 생물의 계통을 분류합니다. 먼저 분화되어 나온 생물을 나중에 분화되어 나온 생물군과 분류하는 것이 원칙입니다. 예를 들어 딱정벌레 네 종류를 놓고 분류한다고 했을 때, 그중 공통조상에서 진화되어 오다가 제일 먼저 분화되어 나온 딱정벌레가 나머지 딱정벌레들과 충분히 다르다고 생각되면 그 딱정벌레를 분리해서 다른 과로 묶어 내는 것입니다.

이렇듯 먼저 분화되어 나온 순서로 분류해 나가는 것이 원칙입니다. 제일 나중에 분화되어 나온 딱정벌레만을 따로 빼내고, 그 이전에 분화되어 나온 것들을 한꺼번에 묶어 놓는 것은 분류의 원칙에 어긋납니다. 분류의 기초를 모르는 것이지요. 그런데 영장류가 포함되어 있는 분류표에서 예외가 생깁니다.

분류표에 오랑우탄, 고릴라, 침팬지, 사람, 이렇게 네 동물이 있습니다. 그런데 이 분류표에서는 제일 늦게 분화된 사람을 따로 떼어 놓고, 침팬지, 오랑우탄, 고릴라를 한꺼번에 묶어 놓았습니다. 분류의 원칙상 틀린 분류라는 것은 생물학자라면 누구나 알고 있습니다. 그런데도 차마 자존심이 상해서, 털 달린 영장류와 같은 집안에 묶이기가 싫어서, 틀린 것을 알면서도 그냥 두 눈 딱 감고 따로 떼어 놓은 것입니다. 이렇듯 우리는 스스로를 부정하며 살고 있습니다.

침팬지와 인간의 유전자가 거의 99% 같다는 것은 이미 널리 알려진 사실입니다. 유전자의 99%가 같다면, 정말 많이 비슷한 동물입니다. 물론 그 1% 남짓이 굉장한 차이를 만든 것은 사실입니다. 하지만 실제 유전자 차이가 단 1%밖에 안 된다는 것도 잊어서는 안 됩니다.

《총 균 쇠》라는 책을 쓴 UCLA의 제레드 다이아몬드Jared Diamond라는 교수가 있습니다. 개인적으로 참 좋아하는 책인데, 여러분도 언젠가 기회가 되면 꼭 읽어 보기를 권합니다. 다이아몬드 교수의 다른 저서로 《제3의 침팬지》라는 책이 있습니다. 그 책도 번역되어 나와 있는데, 그는 우리 인간을 가리켜 '제3의 침팬지'라고 말했습니다.

아프리카에 가면, 침팬지와 굉장히 비슷한 종이 또 하나 있습니다. '피그미침팬지'라고도 하고, '보노보'라고도 부릅니다. 예전엔 그냥 평범한 침팬지라고 여겼는데, 침팬지와 피그미침팬지는 다른 종임이 밝혀졌습니다. 그러니까 분류표에 침팬지, 피그미침팬지 그리고 '제3의 침팬지'인 인간이 있는 것입니다. 우리는 그저 털이 조금 없는 침팬지입니다.

고백하자면 사실 나는 정말로 침팬지입니다. 양쪽 손 다 손금이 가로로 일자인데, 이것이 바로 침팬지 손금입니다. 침팬지인데 털 깎고 여러분 옆에서 수십 년 동안 숨어서 잘 산 것입니다. 대학 교수도 되고, 강의도 하는 그런 침팬지입니다.

침팬지는 손금을 가지고 있는 거의 유일한 동물입니다. 우리 인간과 참으로 비슷합니다. 뇌의 형태로만 보면 인간의 뇌와 거의 구별이 안 될 정도로 비슷합니다. 그래서 나는 인간을 동물이라고 말하는 것이 전혀 이상하지 않습니다. 자존심 상할 일도 아니고요. 과학적으로 볼 때 우리는 분명 동물입니다. 침팬지와 굉장히 가까운 동물이지요.

왜 부모 자식은 닮는 것일까?

자식이 부모를 닮는 것은 너무나 당연한 일입니다. 아무리 많은 수의 무리 속에 섞여 있어도 부모는 새끼를 찾아냅니다. 전혀 모르는 사이라도 누가 저 아이의 아버지인지 연결시킬 수 있습니다.

1992년 가을 미시간대 조교수로 임용되어서 앤아버로 이사를 갔을 때의 일입니다. 처음으로 그곳의 한인교회에 간 날, 아들 녀석이 두 살 많은 남자아이한테 빠져서 그 아이한테서 떨어질 줄을 몰랐습니다. 그래서 같이 앉아 있는데, 예배가 끝나고 어른들이 유아방으로 내려왔습니다. 그런데 누가 그 아이의 아빠인지 한눈에 알아볼 수 있었습니다.

그 아이는 눈썹이 다른 아이들보다 두 배는 진했는데, 딱 그런 눈썹을 가진 남자가 저쪽에서 걸어왔습니다. 그래서 "너희 아빠 오시네" 했더니 "우리 아빠인 줄 어떻게 아셨어요?" 하더군요. 그렇게 닮았는데 어떻게 못 알아보겠습니까?

그렇다면 왜 부모 자식은 닮는 걸까요? 유전자를 물려받았기 때문입니다. 이렇듯 모습이 닮는 것은 특별히 의아할 것이 없는데, 행동은 어떤가요? 행동도 유전하는 것일까요?

만약 행동이 한 세대에서 다음 세대로 유전되지 않는다면, 옆의 종을 비교해서 행동의 역사, 진화의 역사를 재구성하는 것은 불가능할 것입니다. 세대마다 전혀 다른 행동이 만들어진다면, 그 연구는 의미가 없을 테니까요.

하지만 행동이 유전한다고 하면 사람들은 "과연 그럴까?" 의구심을 품습니다. 김동인의 〈발가락이 닮았다〉를 읽고는 그런 일이 없는데, 이효석의 〈메밀꽃 필 무렵〉 마지막에 나오는 '동이의 왼손에 채찍이 들려 있었다'는 문구를 놓고는 왼손잡이는 유전하는가, 동이가 허 생원의 진짜 아들인가를 두고 문학평론가까지 논문을 씁니다.

물론 왼손잡이라고 해서 무조건 왼손잡이를 낳는 것은 아닙니다. 그러나 왼손잡이 집안에 왼손잡이가 더 많이 나는 건 사실입니다. 상당 부분 유전적 관련성이 있습니다. 그런데 발가락이 닮은 것에 대해서는 아무 이견이 없는데, 행동을 닮는 것에 대해서는 왜 그리 말들이 많은 것일까요?

예전에 유행하던 〈광수 생각〉이라는 만화에서 이런 장면을 보았습니다. 아빠 돼지가 엄마 돼지에게 "잘 때 애들이 코를 골고 잠버릇이 나쁜 것이 내 잘못이냐?" 하고 따지자, 엄마 돼지가 셋이 잠자는 모습을 사진으로 찍어서 보여 주었습니다. 정확하게 셋의 자는 모습이 일치했습니다. 녹음까지 해서 들려줬다면 더욱 분명해졌겠지요.

딸 돼지, 아들 돼지는 아빠 돼지랑 잠자는 모습이 왜 저렇게 똑같은 것일까요?

행동이 유전한다는 증거

'행동이 유전한다'는 사실을 실험적으로 증명해 보는 방법이 몇 가지 있습니다. 귀뚜라미는 날개가 두 쌍인데, 비교적 딱딱한 윗날개 한쪽 끝을 반대쪽 날개 밑면에다 대고 긁어서 소리를 냅니다. 반대쪽 밑 날개 중앙 부위를 전자 현미경으로 보면 빨래판처럼 생겼습니다. 빨래판 위에 작은 돌기들이 있는데, 그 돌기의 모양이나 숫자가 종에 따라 다릅니다. 날개를 긁는 행동은 같지만 돌기가 달라서 각기 다른 소리를 내는 것이지요.

저희 연구실에서 온갖 귀뚜라미 울음소리를 다 녹음했는데, 어떤 소리는 귀뚜라미가 내는 것이라고 이야기하지 않으면 새소리로 착각할 정도입니다. 서울 시내에 사는 귀뚜라미 중에도 늦여름이 되면 '호로로롱 호호호호' 하고 우는 귀뚜라미가 있습니다. 주로 수놈이 저렇게 우는데, 그 소리를 듣고 암놈이 찾아옵니다. 소리로 서로 의사소통을 하는 것이지요.

인간을 포함한 동물들의 의사소통 방법에는 소리, 눈짓, 색깔, 표정, 몸짓 등 여러 종류가 있습니다. 실제로 많은 동물들은 냄새로 서로 이야기합니다. 소리로 하는 의사소통은 아무것도 보이지 않는 한밤중에도 할 수 있으니 좋을 것입니다. 하지만 정확히 어디에서 누가 나에게 말하고 있는지 위치를 잡아내기는 어렵겠지요.

귀뚜라미 중에는 그런 점을 이용하는 얌체 수컷들이 있습니다. 나가서 귀뚜라미를 관찰해 보면, 하룻밤 사이에 30분 정도만 우는 귀뚜라미가 생각보다 제법 많습니다. 또 어떤 귀뚜라미는 열 시간 동안 계속 울기도 합니다.

여러분 한번 팔을 뒤로 하고 열 시간 동안 계속 비벼 보세요. 이게 보통 일이 아닙니다. 30분만 우는 귀뚜라미가 열심히 우는 귀뚜라미 근처 풀숲에 숨어 있다가, 그 소리를 듣고 암컷이 오면 그 앞에 먼저 싹 나타나서 빙그레 웃는 것입니다. 마치 자기가 계속 울고 있었던 것처럼 말이지요.

얌체 귀뚜라미는 얌체들끼리, 성실한 귀뚜라미는 또 그들끼리 번식을 시키는 식으로 한 세대, 두 세대, 세 세대 정도를 반복하면 그 성향이 완전히 구별됩니다. 이처럼 반복 번식 실험을 통해서 그들이 가지고 있는 성향을 두드러지게 만들어 줄 수 있는 것은, 바로 행동이 유전되니까 가능한 일입니다. 행동만 보고 그 행동에 따라서 분류한 다음에 번식시킨 것이니까요.

그 대표적인 예로 닭을 들 수 있습니다. 사실 대부분의 새들은 1년에 한 번 알을 낳습니다. 그런데 어쩌다가 닭은 매일매일 알을 낳게 되었을까요? 그 이유는 간단합니다. 알 잘 낳는 닭을 집중적으로 번식시켰기 때문에, 옛날엔 1년에 한 번 알을 낳던 닭이 오늘날 하루에 하나씩 알을 낳게 된 것입니다. 우리가 괴물을 만들어 낸 것이지요.

이미 나는 어릴 적에 그러한 실험에 참여한 적이 있습니다. 할머니가 닭을 100마리쯤 기르셨습니다. 맏손자인 내 몸보신을 시켜 주겠다고 가끔 닭을 잡으셨는데, 그때마다 어떤 닭을 잡을지 지목하는 것이 나의 임무였습니다. 매일 닭장에서 달걀을 꺼내 오는 사람이 나였으니까요.

"할머니, 쟤가 자꾸 알을 안 낳아요" 하면 할머니는 그 닭을 잡았습니다. 그럼 우리 닭장에서는 어떤 일이 벌어졌을까요? 날이 갈수록 알잘 낳는 닭만 살아남고, 또 걔네들이 번식해 그다음 세대에 알 잘 낳는 아이들만 낳고…… 그러다 보니 매일매일 알을 낳는 닭이 만들어진 것입니다.

그다음으로 신기한 동물이 젖소입니다. 젖소는 포유동물이고, 포유동물은 자식을 낳고 그 자식이 젖을 빨아 줘야만 젖이 나옵니다. 그런데 지금 우리가 기르는 젖소는 어떻습니까? 자식도 안 낳는데 사람이가서 주무르기만 하면 젖이 '콸콸콸콸' 나옵니다. 사실 그런 동물은 이세상에 없습니다. 인간들이 젖을 특별히 잘 내는 젖소를 집중적으로, 또 인위적으로 선택해서 번식시켰기 때문에 그렇게 된 것입니다.

개구리 역시 귀뚜라미와 마찬가지로 소리로 의사소통을 하는 동물입니다. 개구리는 숨을 들이마셔 공기주머니를 부풀렸다가 그걸 쭉 빼내면서 소리를 냅니다. 개구리를 가지고 조금 잔인한 실험을 해보았습니다. 수개구리의 부풀어 오르는 주머니에 구멍을 냈습니다. 고통은 없습니다. 하지만 구멍을 내면 소리를 낼 수가 없겠지요?

그 개구리와 아주 가까운 다른 종 개구리의 울음소리를 녹음한 다음에, 소리를 못 내는 개구리가 울 때 그 뒤쪽 수풀에 스피커를 숨겨 두고 녹음한 울음소리를 들려줍니다. 그러면 그 개구리는 그 소리가 자기 것인 줄 압니다. 그리고 그 소리를 듣고 찾아온 다른 종의 암컷이 알을 낳으면 그 위에 정자를 뿌립니다. 이렇게 잡종을 만드는 것입니다. 어느 쪽의 암컷을 쓰느냐에 따라 두 가지 종류의 잡종이 나올 수 있는데, 소리는 모두 중간 소리가 납니다. 소리를 만드는 메커니즘이 유전자 속에 이미 프로그램 되어 있다는 것입니다.

더 재미있는 것은 이 잡종 암컷들을 놓고 네 종류의 수컷 소리를 네 개의 스피커를 통해 들려주면, 신기하게도 잡종 수컷의 소리 앞에 가서 선다는 것입니다. 이를 통해 소리를 만들어 내는 것도 유전하지만, 소리를 듣고 감상하는 능력도 똑같이 유전한다는 사실을 알 수 있습니다.

사람들을 대상으로 이런 실험을 할 수 있다면 어떤 결과가 나올까요? 하지만 인간은 동물을 놓고 하는 인위적인 실험들을 하기가 참 곤란합니다. "침팬지와 결혼해서 아이를 좀 낳아 주세요. 그래서 그 애가 침팬지랑 인간의 중간 형태의 행동을 하는지 보게 해주세요" 할 수는 없는 노릇이니까요. 또 "특별히 성실한 사람이니 성실한 사람하고 결혼해서 아기들을 좀 낳아 주시고, 얌체이니까 얌체랑 결혼해서 2세를 낳아 주세요" 이럴 수도 없습니다.

그저 자연이 우리에게 미리 해준 실험을 들여다보는 게 고작일 것입니다. 일란성 쌍둥이는 대표적인 자연의 실험입니다. 요즘이야 그렇지 않지만, 예전 미국과 유럽에서는 쌍둥이를 낳는 것을 수치스러워했던 모양입니다. 그래서 동네에 소문나기 전에 낳자마자 몰래 한 아이를 다른 곳으로 보내거나 두 아이를 각각 따로따로 보내는 일이 종종 있었다고 합니다. 미국의 미네소타 의과대학과 스웨덴의 스톡홀름 의과대학에서 그렇게 태어나자마자 헤어진 쌍둥이를 다시 만나게 하여 두 사람이 얼마나 비슷한지 관찰하는 연구를 했습니다.

미네소타 의과대학에서 연구한 한 쌍둥이 이야기입니다. 한 사람은 독일에서, 한 사람은 남미 베네수엘라에서 살았습니다. 40년 넘게 떨어져 살다가 처음으로 만났는데 비슷한 점이 너무 많았습니다. 신기하게도 둘 다 소방대원이었습니다. 게다가 두 사람 다 털이 많았는데, 턱수염은 안 기르고 콧수염만 기른 것이라든지 웃는 모습도, 하는 행동도 정말 똑같았습니다.

정말로 신기한 일은 그 두 남자가 차례로 화장실에 갔는데, 한 사람이 화장실에 들어가자마자 물소리가 '쏴~악' 하고 났습니다. 용변을 본 후 또 물 내리는 소리가 '쏴~악' 하고 났고요. 얼마 후 다른 형제가 화장실에 갔는데 그도 똑같이 들어가자마자 물을 내리고, 다시 용변을 본 후 물을 내리더랍니다. 상당히 결벽증이 있는 사람들이었던 모양입니다.

40년을 전혀 다른 대륙, 다른 집에서 살았음에도 불구하고 용변을 보기 전 물 내리는 행동까지 똑같았던 것입니다. 이렇듯 유전자의 힘은 강합니다. 유전자가 행동을 유전시키고, 행동이 유전자에 어느 정도는 프로그램 되어 있는 것입니다.

문화는 유전자의 산물이다

이제 "나는 유전자라는 말을 한 번도 들어 본 적이 없다"라고 말하는 사람은 지독한 오지가 아니면 찾아보기 어렵습니다. 그만큼 '유전자'라는 말은 보편적이고 대중적인 언어가 되었지요. 어떻게 보면 종교보다 더 힘이 세진 것 같다는 생각까지 듭니다.

미제로 남아 있던 살인 사건의 범인이 유전자 감식으로 밝혀졌을 때, 아무도 그 결과를 의심하는 사람은 없을 것입니다. 만약 하나님이 내려와 "○○가 죽었다"고 말씀하시면, 분명 의심하는 사람이 주변에 있을 것입니다. 하지만 유전자 결과가 그렇다 하면 사람들은 전혀 의심 없이 믿습니다. 가히 '유전자 시대'에 사는 것입니다.

그러니 유전자에 대해서 좀 더 분명하게 알 필요가 있습니다. 사실 유전자는 '어떤 단백질을 어떻게 만들어라' 하는 정보를 가진 화학물질에 불과합니다. 어떤 유전자가 있느냐에 따라 어떤 단백질이 만들어지느냐 하는 것은 거의 정해져 있습니다. 여기에서 이상이 생기는 경우는 아주 드뭅니다. 오차의 한계가 굉장히 적지요.

그런 단백질들이 만드는 것이 우리 몸의 형태, 곧 '구조'입니다. 아버지, 어머니한테 유전자를 받아서 그 유전자로 같은 단백질을 만들어 내고, 그 단백질로 팔도 만들고, 코도 만들고, 귀도 만드니 생김새가 부모와 비슷해지는 것은 그다지 이상한 일이 아닙니다. 그런데 형제들마다 생김새가 똑같지 않고 다른 것을 보면, 단백질들이 묶여져서 몸의 구조를 만들 때는 변이의 크기가 약간 커진다고 볼 수 있습니다. 비교적 똑같은 유전자의 구성을 만드는데도 자식들이 조금씩 다른 이유입니다.

'행동'은 구조의 결과물입니다. 어떤 구조를 가졌느냐에 따라서 각기 다른 행동이 나오는 것입니다. 그래서 날개를 가진 동물은 날 수 있는 것이고, 날개 유전자가 없는 우리는 아무리 날고 싶어도 그럴 수가 없습니다. 구조가 어떠냐에 따라 행동이 다르게 나타나는 것입니다.

중학교 졸업식 날, 친구 아버님이 학교에 와서 친구들을 다 데리고 점심을 사주셨습니다. 점심을 맛있게 먹고 식당에서 나오는데, 아버님이 먼저 걸어가시더군요. 그런데 그 걸음걸이가 참 독특했습니다. 주머니에다 손을 딱 찔러 넣더니 바지를 배까지 턱 올리고는 기가 막힌 팔자걸음으로 걸어가시는 겁니다. 그런데 더 웃긴 건 친구가 바로 그 뒤를 따라가는데 그 걸음걸이가 영락없이 똑같았습니다. 우리들은 뒤에서 그 모습을 보고 완전히 자지러졌습니다. 그 아버지에 그 아들이다 했던 것이지요.

이처럼 아버지와 아들의 구조가 같기 때문에 같은 행동이 나올 수 있는 것입니다. 하지만 그 친구의 동생은 그렇게 걷지 않았습니다. 그러니까 구조가 행동에 영향을 미치는 과정에서의 변이가 유전자가 단백질로 변하고, 단백질이 구조를 만들어 내는 과정의 변이보다 훨씬 클

뿐, 유전자가 행동에 영향을 미치지 않는 것은 절대로 아닙니다.

'행동'을 다 묶어 놓으면 생물학자는 그것을 '문화'라고 부릅니다. 하지만 문화를 연구하는 인문학자들은 이렇게 이야기하면 좀 거칠다고 말합니다. 그렇지만 우리는 '침팬지의 문화', '개미의 문화'를 이야기합니다. 그 문화는 무엇을 말합니까? 개미의 행동의 총합입니다.

그럼 행동이 비슷하다고 그것들을 묶어 놓으면 똑같은 문화가 될까요? 그렇지는 않습니다. 즉, 행동에서 문화로 넘어가는 과정에서의 변이 크기는 그 이전의 단계보다 훨씬 더 큽니다. 하지만 그 역시 유전자의 영향이 전혀 없다고는 아무도 이야기할 수 없습니다.

결국 인간의 문화라는 것은 인간 '유전자의 산물'입니다. 물론 명확하게 어떤 유전자를 가지면 어떤 문화가 만들어져야 된다고 말할 수는 없습니다. 하지만 그 유전자 때문에 만들어진 것이 문화입니다. 유전자에 관심을 갖는 이유도 이 때문입니다.

유전자 복제, 그 위험성

드디어 유전자 자체를 만지작거리는 시대가 왔습니다. 유전자를 이식하고 치환시키고 하는 것이 가능해졌습니다. 윤리적인 문제 때문에 아직 실험 단계에 이르지는 못했지만, 이론적으로는 상당 부분 발전된 시대에 왔습니다.

이를테면 자식을 잘 돌보는 집안의 쥐와 이상하게 새끼만 낳아 놓고 돌보지 않는 집안의 쥐의 유전자를 뒤바꾸는 실험을 하는 겁니다. 그러면 자식을 안 돌보던 집안에서 태어난 암쥐가 갑자기 자식을 잘 돌봅니다. 정확히 어떤 유전자가 그 역할을 하는지는 모르지만, 유전자 한 덩이를 옮겨 주자 도통 새끼를 안 돌보는 집안에서 그 쥐만 잘 돌보는 현상이 나타난 것이지요.

하지만 이러한 유전자 치환이 과연 옳은 일이냐, 아니냐를 두고 우리 사회는 굉장히 많은 논란을 거듭하고 있습니다. 하지만 윤리적인 문제를 떠나서 이와 같은 연구는 아마 계속될 것입니다. 사실 유전자 복제는 위험한 연구임에 틀림없습니다.

유전자 복제보다 우리가 더 심각하게 고민해야 할 것은 유전자 조작의 문제입니다. 유전자의 기능들이 속속 밝혀지고, 내가 가진 결함들이 어떤 유전자에 의해 발생하는 것인지를 알게 되었을 때 그 유전자를 좀 더 훌륭한 유전자로 바꾸고 싶은 욕망이 일지 않을까요?

가령 15년쯤 후에 유전자를 바꾸는 게 굉장히 수월해진다고 가정해 봅시다. 어느 날 아침 신문에 신촌의 어느 작은 개인 병원에서 훌륭한 유전자 하나를 만들어 냈는데 그 유전자를 갈아 끼우기만 하면 30년을 더 산다는 기사가 난 겁니다. 그러면 그날은 아마 신촌 일대에 교통마비가 일어날 것입니다. 유전자 하나만 갈면 30년을 더 산다는데 누가 마다하겠습니까.

앞으로는 양수 검사만 하면 곧 태어날 아이의 유전체 정보를 전부 볼 수 있는 시대가 올 것입니다. 아이의 유전체 정보 전부가 적혀 있는 차트를 든 의사가 예비 부부와 하는 대화를 상상해 봅시다.

"축하합니다. 예쁜 따님입니다. 그런데 여기 조금 마음에 걸리는 데가 한 군데 있네요. 따님이 40대 중반쯤에 파킨스씨 병에 걸릴 확률이 약 2% 정도 있습니다."

"의사 선생님! 저희 딸을 구해 주십시오."

"아니, 죽는다는 것이 아니고요. 병이 걸릴 확률이 한 2% 있다는 겁니다. 그 이야기는 98% 절대 안 걸린다는 얘깁니다."

그래도 부모 입장에서는 마음이 그렇지가 않지요.

"안 됩니다. 어떻게든 해주십시오."

"그럼 저희 병원에 그것과 대체시킬 유전자가 있기는 합니다만, 좀 비싼데……."

이 세상 어느 부모가 그 소리를 듣고도 모른 체할 수 있단 말입니까. 대출이라도 받아서 갈아 끼워 줄 것입니다.

이런 일을 자꾸 하다 보면 복제 인간을 만들 필요도 없이 우리 모두가 복제 인간이 될 것입니다. 전부 좋은 유전자로 다 갈아 끼우다 보면, 어느 순간 모든 사람들의 유전자가 똑같아질 테니까요. 개인적으로 보면 나쁜 유전자는 없고 좋은 유전자만 있으니 분명 좋아질 것 같은데, 이는 사회 전체로 보면 굉장히 위험한 일입니다.

요즘 조류 독감이 전 세계를 공포로 몰아넣고 있습니다. 일부에서는 철새가 조류 독감을 옮겼다고 철새를 다 죽이자는 의견을 내놓기도 했습니다. 하지만 철새는 수천, 수만 년간 조류 독감을 앓으며 살아왔어도 1년에 그저 몇 마리만 죽습니다. 유전적으로 다양하기 때문에 조류 독간 바이러스에 취약한 몇 마리만 죽고, 나머지는 바이러스가 퍼져도 죽지 않습니다.

그런데 그 바이러스가 우리 닭장 속에 들어오면 문제가 달라집니다. 왜? 앞서 말했듯 우리 인간이 닭을 괴물로 만들어 놓았기 때문입니다. 인위적으로 알을 잘 낳는 닭만을 선택해서 기르다 보니, 전 세계가 유전자 구성이 거의 똑같은 닭을 기르게 된 것입니다. 결국 우리네 닭장 안에 있는 닭은 거의 복제 닭인 셈이어서 바이러스가 침투하면 모두 다 감염이 되는 것이지요.

그러니 머지않은 미래에 대한민국 국민이 모두 다 기가 막히게 좋은 유전자로 교체했는데, 그해에 그 유전자를 공격하는 바이러스가 한 반도에 상륙하면 모두 닭장 속 닭 죽듯이 죽게 될지도 모릅니다. 앞으로 생물학자들이 걱정하고 풀어내야 할 숙제입니다.

하나의 세포였던 수정란이 어떻게 하나의 완전한 사람이 될 수 있을까. 참으로 신비로운 일입니다. 나는 대학에서 강의할 때 학생들에게 인간이 탄생하는 것보다 더 신비로운 것이 있으면 한번 가지고 나와서 토론해 보자고 말합니다.

21세기 과학이 풀어내야 하는 가장 큰 숙제 중의 하나는 아마도 어떻게 하나의 수정란에서 다 다른 사람들이 만들어지는지, 똑같은 아빠 엄마의 수정란으로 생겨난 형제가 왜 그렇게 다른지를 밝혀내는 일일 것입니다. 이 세상에 그걸 밝히는 일처럼 흥미로운 일이 또 있을까요?

생각하는
동물의
출현

컴퓨터 잘하는 침팬지 '아이'

개들을 기르다 보면 가끔 어떤 개들은 참 머리가 나쁘다는 생각이 듭니
다. 기둥 두 개 사이로 줄이 걸쳐 있어서 먹이 있는 데까지 갈 수 없다

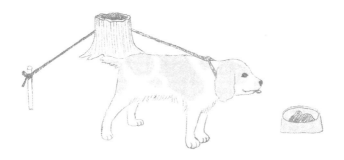

면, 인간이라면 기둥을 돌아서 가면 되겠다 생각할 것입니다. 하지만 개들은 대개 그런 생각을 못 하고 무작정 앞으로만 가려 합니다.

이런 것을 '직관'이라고 하는데, 동물에게는 인간만큼의 직관이 없습니다. 동물에 따라 직관 능력 차이가 상당히 큰데, 인간은 굉장히 직관 능력이 뛰어난 동물입니다. 해보고 터득하는 것이 아니라, 해보지 않더라도 먼저 생각한 후에 일을 합니다. 하지만 동물들은 그렇지 못합니다.

침팬지는 어느 정도 직관에 따라 행동하는 것이 가능합니다. 한 독일 학자가 침팬지를 가지고 한 유명한 실험이 있습니다. 바나나를 침팬지가 있는 방 천장에 매달았습니다. 침팬지는 매달린 바나나를 손으로 잡아서 먹습니다. 그런데 점점 이 바나나를 높이 매다는 것입니다. 손이 안 닿는 바나나를 잡기 위해 점프도 하고, 나무 막대기를 이용해 떨어뜨려서 먹었습니다. 그러다 나무 막대기로도 안 되니까 끙끙대더니 어느 날 상자를 포개 놓고 올라가더랍니다.

이것이 바로 생각할 줄 아는 동물만이 할 수 있는 직관입니다. 상자를 포개어서 그 위에 올라서면, 물체에 더 가까워진다는 물리적인 계산을 할 줄 안다는 것이니까요. 미로 게임을 할 줄 아는 침팬지도 있습니다. 신경질 나서 막 집어 던지는 놈도 있지만, 상당수 침팬지는 그 미로를 들여다봅니다. 그리고 한 번에 풀어냅니다.

일본 교토 대학의 영장류연구소에 '아이'라는 이름의 침팬지가 있습니다. 전 세계 모든 침팬지를 통틀어서 컴퓨터를 제일 잘하는 침팬지입니다. 아이가 가장 자주 하는 컴퓨터 게임은 숫자를 크기순으로 기억하는 것입니다. 다섯 개의 네모 박스가 나타나는데 그 안에 숫자가 적혀 있습니다. 0으로부터 출발해서 0, 2, 3, 6, 8 이런 식으로 여기저기 막 찍힙니다. 그중 제일 작은 숫자를 찍으면 나머지 숫자는 사라지고 박스만 남습니다. 그러면 그다음 낮은 순서대로 찍어야 하는 게임입니다.

언젠가 친구들 사이에서 게임 하면 둘째가라면 서러워하는 우리 아들을 데리고 가서 '아이'와 붙게 했는데, 도저히 당해 내지를 못했습니다. 세 시간이나 붙어서 도전했지만 역부족이었습니다. 아이는 다섯 개 숫자가 나오자마자 '타타타닥' 하고 순식간에 찍어 버립니다.

'아이'가 처음 화면에 나타난 다섯 개의 숫자들을 기억하는 데 걸리는 시간은 고작 0.7초입니다. 어떻게 숫자들을 한번에 보고, 제일 작은 것부터 큰 것까지 구별해 내는지 신기하기만 합니다. 머리가 너무 좋은 침팬지라 일본에서는 대스타입니다.

제인 구달 박사님이 처음 이 연구소에 가셨을 때의 일입니다. 보통 일반인들은 침팬지가 있는 우리 안에 못 들어갑니다. 나조차도 그렇습니다. 침팬지는 사실 굉장히 힘이 세고 무서운 동물입니다. 웬만한 사람은 침팬지한테 팔뚝이 잡히면 팔이 부러집니다. 그러니 우리 안에 들어갔다 까딱 잘못하면 침팬지에게 공격당해 죽을 수도 있습니다.

하지만 수십 년간 침팬지와 함께 살아온 제인 구달 선생님은 "우우" 하면서 우리 안으로 들어가셨다고 합니다. 다행히 침팬지는 얌전히 문제를 풀었고, 구경하던 선생님이 옆에서 "아~ 잘했다" 하며 등도 긁어 주었답니다. 그런데 교토 대학 교수님은 '틀리면 어떡하나' 하고 걱정을 했다고 합니다. 이 친구가 틀리면 성질이 굉장히 사나워진다는 것입니다.

참 신기한 것은, 문제를 틀리면 우선 주변을 한 번 돌아봅니다. 그때 우리가 다 숨으면, 그러니까 못 본 척하면 별로 신경질을 안 냅니다. 하지만 자기가 틀린 것을 봤다고 느끼면 그때부터는 민망해서 우리를 막 돌아다니며 난리를 칩니다.

그런데 드디어 틀리고 말았습니다. 아니나 다를까 침팬지는 길길이 날뛰었습니다. 구달 선생님은 벽면 쪽으로 가서 섰다고 합니다. 벽에 붙어 달려오는 침팬지를 미리 기다린 것입니다. 선생님은 이미 아프리카에서 여러 번 그런 경험을 하셨고, 한번은 떠밀려 절벽에서 떨어졌는데 나뭇가지에 걸려 간신히 살아난 적도 있답니다. 그래서 '뒤가 절벽도 아닌데 흠뻑 두들겨 맞기밖에 더하겠냐' 하는 각오로 그냥 서 계셨던 것입니다.

그런데 돌진하던 침팬지가 갑자기 선생님 앞에 서더니 손으로 입맞춤을 하더랍니다. 그러고는 다시 제자리로 돌아가 그대로 게임을 했습니다. 아마 침팬지와의 오랜 생활에서 나온 몸짓 같은 것이 전해졌나 봅니다.

이제 그 침팬지들은 자판기까지 사용합니다. 문제를 잘 풀면 상으로 동전을 주는데, 그 동전을 가지고 자판기에 가서 먹을 걸 뽑아 먹습니다. 그런데 동전 하나로는 선택할 수 있는 게 두어 종류밖에 없어서 정말 먹고 싶은 것은 먹을 수가 없습니다. 침팬지는 자판기를 몇 번 이용하더니, 언젠가부터 동전을 모았다가 자기가 원하는 것을 뽑아 먹습니다.

침팬지에게는 그 정도의 머리가 있는 것입니다. 우리 뇌는 어떻게 진화했을까, 이것을 침팬지의 뇌가 어떻게 작동하느냐를 연구하면서 앞으로 밝혀낼 수 있을 것입니다.

설명한다, 고로 나는 존재한다

'닥스훈트'라는 개와 아이가 지금 어딘가를 내다보고 있습니다.
둘은 무슨 생각을 하고 있을까요? 식탐 많은 닥스훈트는 '저기 맛있는
거 있는데……' 이런 생각을 할지도 모르고, 저 아이는 뭔가 다른 생각
을 하고 있겠지요. 분명한 것은 개도 생각하고, 저 아이도 생각하고 있
다는 것입니다. 생각하는 방법과 대상, 그 정도가 다를 뿐이지요.

이러한 부분은 앞으로 뇌를 연구함으로써 밝혀질 것입니다. 21세
기의 가장 흥미로운 주제는 뇌가 될 것이며, 동물행동학은 뇌 연구와
직접적으로 연결되어 있습니다. 과학자들은 뇌가 마지막 남은 미지의
세계라고 입을 모읍니다.

손잡지 않고 살아남은 생명은 없다

진화 생물학자들은 뇌의 진화를 세 단계로 설명합니다. 제일 처음 발달한 뇌는 '생존의 뇌survible brain'입니다. 살아남기 위해서 생각하는 것이지요. 어떻게 하면 도망칠 수 있을까? 지금 나가도 될까? 배고픈데 나갔다가 잡히는 것은 아닐까? 다른 동물들도 그런 생각은 하며 삽니다.

그다음 단계의 뇌가 바로 느낌의 뇌, '감정의 뇌feeling brain'입니다. 인간들은 오랫동안 동물들은 느낌이 없다고, 통증을 느끼지 못한다고 생각했습니다. 그래서 마취도 안 하고 수술을 해댔습니다. 하지만 동물들도 통증을 느낍니다. 다만 그 통증을 설명하지 못하는 것뿐이지요.

세 번째 단계의 뇌 발달은 '사고의 뇌thinking brain'입니다. 보통 진화의 단계에서 다른 동물들은 감정의 뇌에서 발달이 끝났고, 인간만이 사고의 뇌까지 진화했다고 생각하지만 그렇지 않습니다. 정도와 방법의 차이는 있을지 모르지만 뇌를 가진 동물이라면 누구나 사고할 줄 아는 능력을 갖췄습니다. 특히 침팬지나 보노보에 이르면 그들의 뇌는 우리 인간의 뇌와 구조적으로 거의 구별되지 않습니다.

나는 여기에 네 번째 단계로 '설명의 뇌explaining brain'를 제안하려 합니다. 우리 인간의 뇌가 다른 동물과 결정적으로 다른 점은, 바로 '설명할 줄 안다'라는 점이라고 생각합니다. 다른 많은 동물들도 생각하는 뇌는 가지고 있습니다. 하지만 그들은 자신의 생각을 설명하고 표현할 줄 모릅니다. 인간은 말로, 글로 모든 것을 설명하고, 기록으로 남겨진 것을 다른 사람들이 읽습니다.

우리는 모든 현상을 독립적으로 경험하며 그 인과 관계를 익히지 않습니다. 서로 다른 현상들을 귀납적으로 한데 묶어 의미를 추출합니다. 신화를 창조할 수 있는 유일한 동물이 바로 우리 인간입니다. 피카소는 예술을 가리켜 "우리로 하여금 진실을 볼 수 있게 해주는 거짓말"이라 했습니다. 인간은 예술과 종교를 창조할 줄 아는 유일한 동물입니다.

나는 데카르트의 유명한 언명 '생각한다. 그러므로 나는 존재한다 Cogito, Ergo Sum'의 대안으로 '설명한다. 그러므로 나는 존재한다Enarro, Ergo Sum'를 제안합니다. 지금까지의 뇌과학은 생각하는 뇌를 들여다보기 바빴습니다. 인간이나 다른 동물들이 사고할 때 뇌의 어느 부위가 활성화되는지를 촬영하기에 급급했습니다.

나는 이제부터 뇌과학자와 인지과학자들이 우리의 '설명하는 뇌'를 연구해야 한다고 생각합니다. 인간이 어떻게 사물을 관찰하고, 그 사물을 상징적인 언어로 관념화하고, 그것을 남에게 설명하고 남을 설득하는지를 연구해야 합니다. 설명하는 뇌는 아마 '생각하는 뇌'와 '느끼는 뇌'가 보다 긴밀하게 협조하는 관계 속에 존재할 것입니다.

앞으로 '설명하는 뇌'를 연구하는 데 많은 분들이 동참하면 좋겠습니다. 모두 뇌과학자가 되어서 뇌를 직접 들여다보라는 뜻은 아닙니다. 여러 다양한 분야에서 '도대체 인간은 어떻게 해서 설명하는 능력을 갖추게 되었을까' 하는 문제에 대한 학문적인 도전을 해주기를 바랍니다.

손잡지 않고 살아남은 생명은 없다

나는 모든 학문이란 궁극적으로 인간이란 어떤 존재이며, 우리는 왜 태어나 이런 삶을 살고 있는가를 이해하기 위한 것이 아닐까 생각합니다. 동물의 행동을 연구하는 나 역시 궁극적으로는 인간의 본성을 이해하고자 하는 뜻을 품고 있습니다.

그래서 향후에는 앞서 소개했던 교토 대학 영장류연구소 같은 연구 센터를 만들어서 영장류를 연구하는 것이 나의 목표입니다. 그래서 우리 인간의 뇌에 있는 '설명의 뇌'와 침팬지 안에 있는 아주 원시적인 '설명의 뇌'를 비교하면서 연구를 해나갈 작정입니다. 그 전 단계로 경험을 하기 위해서 인도네시아 정글에 가서 긴팔원숭이를 연구하고 있습니다.

우리가 처음 자바 섬에 갔을 때 인도네시아인 교수가 독일과 일본에서 사람들이 몇 번 왔다 가더니 더는 오지 않는다고 말하더군요. 그래서 덤벼들었습니다. 그런데 연구를 시작하자마자 그 지독한 독일 사람들이, 그 치밀한 일본 사람들이 왜 포기하고 돌아갔는지 그 이유를 알게 되었습니다. 지형이 너무 험준해서 도저히 따라다닐 수가 없더라고요.

그래도 우리가 누굽니까? 은근과 끈기의 민족이잖아요. 포기하지 않고 연구를 계속한 덕분에 자바 긴팔원숭이에 대한 논문도 발표하며, 빠른 속도로 연구가 진행되고 있습니다.

2장.

함께 사는
세상을
꿈꾸며

1998년 미국에서 《1,000년, 1,000인^{1,000 Years, 1,000 People}》이라는 책이 나왔습니다. 지난 1,000년 동안 인류에게 가장 큰 영향을 미친 인물이 누구인가 묻는 설문조사 결과를 토대로 만든 책인데, 다윈은 7위였습니다. 참고로 1위는 구텐베르크였습니다.

우리나라에서 설문조사를 했다면 다윈은 몇 등을 했을까요? 장담하건대 100위 안에도 못 들었을 겁니다. 갈수록 많은 학문 영역에서 다윈과 진화론의 의미가 커지고 있지만, 우리나라는 다윈에 대해 잘못 알려진 부분이 많습니다. 진화론의 중요성도 제대로 인식되지 않고 있고요. 그런 의미에서 '다윈 후진국'이라 할 수 있지요.

다윈의 이론은 지난 150여 년간 혹독한 담금질을 거쳐 지금 세상을 지배하고 있습니다. 이제 생물학뿐만 아니라 사회학, 경제학, 인류학, 심리학, 법학 등의 인문 사회과학 분야는 물론 음악, 미술 등의 예술 분야에 이르기까지 폭넓게 영향을 미치고 있습니다. 최근 각광받고 있는 진화 심리학, 진화 게임이론, 진화 윤리학, 다윈 의학 등은 모두 다윈이 뿌린 작은 겨자씨들이 만들어 내고 있는 화려한 이파리와 꽃들입니다.

다윈을 받아들이면 우리의 세계는 더욱 넓어질 것입니다. 진화를 제대로 이해하면 함께 살아가는 법도 알 수 있게 됩니다.

호모 사피엔스에서
호모 심비우스로

나가수와 진화의 법칙

밤에는 책 읽고 논문 쓰느라 텔레비전을 거의 못 보고 삽니다. 그런데 2012년에 방송됐던 〈나는 가수다〉(이하 〈나가수〉)라는 프로그램은 수첩에 날짜까지 표시해 놓고 한 회도 빠지지 않고 보았습니다. 가수들이 열창하는 모습도 아름다웠지만, 〈나가수〉는 진화의 진면목을 기가 막히게 보여 주는 프로그램이었습니다.

　이 네 가수의 공통점이 뭘까요? 명예졸업을 하지 못한 출연자들입니다. 중간에 탈락했지만 아무도 저들을 보고 가창력이 부족하다거나 가수로서 자격이 없다고 생각하지 않습니다. 저들은 우리 마음속에 여전

사진_MBC 캡처

히 훌륭한 가수입니다. 다만 게임의 법칙에 적응하지 못했을 뿐입니다.

〈나가수〉 시즌 1의 게임의 법칙은 일곱 가수의 노래를 다 듣고 난 다음에 가장 잘 부른 한 사람을 선택하는 것이었습니다. 그러다 보니 일단 질러 대야 합니다. 악을 쓰고 화려한 퍼포먼스를 하며 노래 부른 가수는 기억이 나도, 흐느끼듯 조용하게 부른 목소리는 기억이 안 나니까요. 이 네 가수는 모두 잔잔한 발라드풍 노래를 부르는 가수들이지요? 저 가수들이 소리 지르는 가수보다 모자라서가 아니라, 게임의 법칙에 적응하지 못해 도태당한 것뿐입니다.

〈나가수〉를 보며 나는 바비킴에 빠졌습니다. 한 음 안에 온갖 스토

함께 사는 세상을 꿈꾸며

리, 하모니가 담기는 것 같은 게 뭐 저런 목소리가 다 있을까 싶더라고요. 내가 생각하는 〈나가수〉 출연자 중 최고의 가수인데 바비킴도 명예 졸업 하지 못했습니다. 그를 보며 다윈 선생님의 말씀이 생각났습니다.

'강한 자가 살아남는 것이 아니라 살아남는 자가 강한 것일 뿐이다.'

그 옛날 공룡들이 포유류보다 힘이 없어서 사라졌을까요? 아닙니다. 기후 변화에 적응하지 못했을 뿐입니다. 하지만 털 달린 조그만 동물들은 잘 살아남았고, 그 덕에 오늘날 우리까지 탄생한 것입니다. 진화란 누군가가 꼭 잘나서 늘 승승장구하는 것이 아니라는 것입니다.

제 아내는 김범수한테 빠졌습니다. 클래식 음악을 가르치는데, 강의 시간에 김범수 노래를 틀어 줘서 학생들의 원성이 자자했다고 합니다. 김범수라는 사람은 〈나가수〉라는 환경이 갑자기 나타나지 않았으면 영원히 얼굴 없는 가수로 스러져 갔을지도 모릅니다. 그런데 갑자기 빙하기가 나타나는 바람에 포유류가 득세했던 것처럼, 환경 변화에 잘 적응해 성공한 것입니다. 이것이 바로 진화입니다.

손잡지 않고 살아남은 생명은 없다

Survival of the Fitter

왜 이 이야기를 수학자의 이야기라고 하는지는 잘 모르겠습니다. 함께 산행을 갔던 수학자 두 사람이 곰을 만났습니다. 흔히 곰을 느려 터진 동물이라고 생각하지만, 평지나 비탈길에서 속도가 붙으면 우리보다 훨씬 더 빠릅니다.

헐레벌떡 달리다 말고 한 수학자가 신발 끈을 고쳐 매는 겁니다. 그 모습을 지켜보던 친구가 곰이 쫓아오는데 도망가지 않고 뭐 하느냐고 물었습니다. 그러자 그가 친구를 올려다보며 이렇게 말합니다.

"나는 곰보다 빨리 달리려고 이러는 게 아닐세. 자네보다 빨리 달리기만 하면 되네."

내가 친구보다 한 발짝만 더 앞서 가면 곰이 그를 잡아먹는 사이 멀리 도망갈 수 있다는 것이지요. 이것이 바로 진화입니다.

진화란 최선의 방법을 발견해서 이 세상에서 1등을 했기 때문에 살아남는 것이 아니라, 그 밑에서 환경에 적응하지 못한 누군가가 도태되어 사라지는 것입니다.

〈나가수〉 시즌 1 마지막 시간에 PD가 이렇게 말했습니다.

"오늘은 탈락자가 없습니다."

사람들이 의아해하자 그는 이렇게 말합니다.

"마지막 회인데, 누굴 꼭 떨어뜨려야 합니까?"

나한테는 그 말이 이렇게 들렸습니다.

'지금은 환경이 풍요로워서 아무도 멸종 안 합니다.'

환경이 좋으면 아무도 멸종하지 않을 수 있지만, 환경이 나쁘면 조금씩 따라붙지 못한 것들이 탈락하는 것입니다.

다윈 하면 떠오르는 말이 있습니다. 적자생존適者生存, 영어로는 서바이벌 오브 더 핏티스트Survival of the Fittest라고 합니다. 사실 다윈은 적자생존이라는 용어를 원래 그의 저서를 통해 말한 적이 없습니다. 이는 영국의 경제학자 허버트 스펜서Herbert Spencer, 1820~1903가 다윈을 널리 알리려고 한 말입니다. 그런데 다윈이 들어 보니까 좋더라는 거예요. 그래서 본인의 책에도 쓰기 시작한 것입니다.

나는 이것이 다윈의 치명적인 실수 중의 하나라고 생각합니다. 다윈의 진화주의는 철저하게 '상대성'에 근거하고 있습니다. 모든 것이 최고의 경지에 올라야 살 수 있다는 것이 아니라 그저 상대보다 조금만 나으면 멸종하지 않고 살 수 있다는 말입니다. 남들보다 탁월하게 뛰어나다 해도 지구에 운석이 와서 부딪치면 다 죽습니다. 그래서 스펜서의 말을 가져다 쓸 때 최상급이 아니라 비교급 서바이벌 오브 더 핏터Survival of the Fitter로 썼으면 더 좋았을 텐데 하는 생각이 드는 것입니다.

그런데 지금 우리가 그렇게 살고 있지 않나요? 김연아 선수가 은퇴 전 거의 마지막으로 출전했던 2011년 피겨 세계선수권대회에서 시상대에 올라 동메달을 받고서 눈물을 흘린 적이 있습니다. 그간 서양 작곡가들의 음악에 맞춰 하다, 처음으로 한국 작곡가가 자신을 위해 만든 〈오마주 투 코리아〉에 맞춰 연기한 김연아 선수는 "그곳(시상대)에 서 있었다는 것 자체로 눈물이 났다"고 말했지요.

그런데 대한민국 국민 중에 그걸 곧이곧대로 들은 사람이 한 사람도 없다고 합니다. 일본 선수한테 져서 억울해서 울었다는 것입니다. 동메달은 메달도 아니라는 거지요. 72억 명 중에서 3등을 했는데도 말입니다. 서바이벌 오브 더 핏티스트가 맞다면, 금메달 받은 선수 한 사람만 빼놓고 나머지는 다 멸종해야 합니다.

만약 〈나가수〉 시즌 1의 규칙이 일곱 명 중에 한 명만 남고 여섯 명이 탈락하는 것이었다면 그 프로그램이 그렇게 훈훈했을까요? 탈락한 가수를 부둥켜안고 울고 그러지 않았을 거예요. 상대 가수를 떨어뜨리기 위해 별짓을 다했을 겁니다. 그를 제거하지 않으면 내가 죽을 테니 따뜻한 말을 건넬 겨를조차 없었겠지요. 그래서 맨 끝에서 한 명만 떨어뜨린 것입니다.

풍요로운 시대가 오면 아무도 탈락하지 않고, 도태되지 않을 수 있는데, 우리는 왜 지금까지 금메달이 아니면, 1등이 아니면 안 된다고 생각하며 살았을까요? 이 모든 것은 '적자' 생존이 아니라 '최적자' 생존이라고 우리가 다윈을 곡해한 데서 벌어진 일입니다. 오랫동안 사람들은 다윈이 자연을 이렇게 설명한 것으로 알았습니다.

자연의 생존 경쟁은 치열합니다. 자원은 유한한데 그것을 원하는 존재들은 많으니까 경쟁이 불가피합니다. 우리 모두 경쟁하며 삽니다. 좋은 대학, 좋은 직장의 정원은 정해져 있고, 거기에 들어가려면 경쟁해서 이겨야 합니다. 하지만 경쟁에서 이기는 방법이 그저 남을 짓밟고 제거하는 것일까요?

생태학자들도 자연은 무서운 곳이라고 생각했습니다. 경쟁과 '눈에는 눈, 이에는 이' 식의 미움, 질시, 권모술수가 우리 삶을 지배하는 줄로만 알았습니다. 하지만 10여 년 전부터 새롭게 깨닫기 시작했습니다. 이젠 자연도 사랑, 희생, 화해, 평화 등을 품고 있다는 사실을 인식하게 되었습니다.

모두가 팽팽하게 경쟁만 하면서 손해 보지 않으려 하는 사회에서 서로 도우며 함께 잘 사는 방법을 터득한 생물이 뜻밖에 많다는 것을 발견하게 된 것이지요.

손잡지 않고 살아남은 생명은 없다

손잡지 않고 살아남은 생명은 없다

자연계에서 무게로 가장 성공한 생물이 무엇일까요? 고래? 코끼리? 아닙니다. 꽃을 피우는 현화식물입니다. 이 세상 동물들의 무게를 다 합쳐도 식물 전체의 무게에 비하면 그야말로 조족지혈鳥足之血입니다. 동물인 우리는 나무를 베며 식물보다 자기가 더 세다고 생각하지만, 누가 뭐래도 지구는 식물의 행성입니다. 동물들이 까부는 걸 식물들이 참아주고 있는 것뿐이지요. 그렇다면 자연계에서 숫자로 가장 성공한 생물은 무엇일까요? 바로 곤충입니다.

이 지구 생태계에서 무게와 수로 가장 막강한 두 생물 집단이 어떻게 여기까지 올 수 있었을까요? 진화의 역사에서 어느 순간에 곤충과 현화식물은 꽃가루받이라는 공생 관계를 만들면서 양쪽이 폭발적으로 증가하기 시작했습니다. 이렇듯 자연계의 가장 기가 막힌 성공 사례 하나만 보아도, 경쟁에서 이기는 방법이 무조건 서로 물고 뜯고 상대를 제거하는 게 아니라 누군가와 손을 잡는 것임을 알 수 있습니다.

자연계의 모든 동식물을 다 뒤져 보면 손을 잡지 않고 살아남은 동식물은 없습니다. 꽃과 벌, 개미와 진딧물, 과일과 먼 곳에 가서 그 씨를 배설해 주는 동물처럼 살아남은 모든 생물들은 짝이 있습니다. 손을 잡고 있습니다.

인간을 비롯하여 무려 6천 종이 네트워크를 형성하고 삽니다. 식탁에 올라오는, 그러니까 우리가 먹고 사는 생물종을 합치면 모두 5천 종이 된다고 합니다. 그리고 우리를 먹고 사는 놈들이 1천 종 정도 있습니다. 거기에는 모기도 포함되어 있지요. 6천 종이나 되는 어마어마한 숫자의 동식물들이 우리와 공생하는 것입니다. 우리는 혼자 사는 동물이 아닙니다. 그렇다면 무차별적으로 경쟁하기보다는 돕고 사는 공생이 더 큰 힘을 발휘하는 것 아닐까요?

진화 경제학자들이 하는 실험 중에 최후통첩게임ultimatum game이라는 것이 있습니다. 경제학은 경제 활동의 주체인 인간들이 완벽하게 합리적이라는 전제하에 이루어지는 학문입니다. 그런데 이 실험은 인간의 비합리성을 보여 줍니다.

우선 두 사람에게 100달러를 주는데, 한 사람에게는 100달러를 분배할 권리를, 다른 한 사람에게는 거부권을 줍니다. 제시한 금액을 다른 한 사람이 받아들이면 둘은 100달러를 나눠 가지게 되지만, 거부하면 둘 다 한 푼도 가질 수 없습니다. 완벽하게 합리적인 결정을 하는 인간이라면 1달러를 준다 해도 거부하기보다는 받는 것이 이익입니다.

하지만 그렇게 하는 사람은 거의 없습니다. 대부분 7:3 정도로 나눈다고 합니다. 30달러 미만으로 주면 거부권을 행사한다는 것입니다. 그렇게 하면 서로 1달러도 못 받게 되는데도, 그러한 결정을 내립니다. 주는 사람도 30달러 아래로 주면 상대가 거부할까 봐 30달러는 주는 것입니다.

손잡지 않고 살아남은 생명은 없다

이 실험을 보면, 남에게 내 것을 다 내어 줄 수는 없지만 적어도 3분의 1 정도는 주고 싶어 하는 것이 인간 본성이 아닌가 합니다.

인간은 지구에서 얼마나 더 살 수 있을까

그래서 나는 10여 년 전부터 학계에다 이런 이야기를 해왔습니다. 인간의 학명이 현명한 인간, 호모 사피엔스Homo sapiens인데 이걸 공생하는 인간, 호모 심비우스Homo symbious라고 바꾸자.

과거 호모라는 속屬에는 하빌리스, 에렉투스 등 많은 종種이 있었지만 모두 멸종하고 단 한 종만 남았습니다. 자연계에서 한 속에 한 종만 남은 경우는 없습니다. 한마디로 인간처럼 배타적인 종이 없다는 것입니다. 그렇게 악착같이 다 밀어내고 혼자 살아남아서 호모 사피엔스, 현명한 인간이라고 자화자찬하기 시작했습니다. 하지만 나는 동의할 수 없습니다.

자연계에서 두뇌가 제일 뛰어난 동물인 것은 맞습니다. 하지만 별로 현명해 보이지는 않습니다. 자기 꾀에 자기가 넘어가는 삶을 살았습니다. 정말 현명한 인간이라면 삶의 터전인 환경을 이렇게까지 망가뜨렸을까요? 미세먼지가 이렇게 많은 공기를 마시고 살고, 수돗물 못 믿어서 애써 돈 내고 따로 사 먹잖아요. 주변을 다 망가뜨려 놓고도 스스로 현명하다고 떠드는 동물이 대체 뭐가 현명하다는 겁니까.

이번 세기가 지나기 전에 우리 인간은 공생인共生人으로 거듭나야 합니다. 우리끼리도, 같은 종 내에서도, 다른 종과도 공생하는 인간으로 거듭나지 않는다면 인류의 미래는 밝지 않다고 생각합니다.

현생 인류가 탄생한 것은 지금으로부터 25만 년 전의 일입니다. 잘 해야 100년 정도 사는 우리가 보기에는 어마어마한 기간입니다. 하지만 지구의 역사를 24시간으로 환산하면, 25만 년은 11시 59분 59초에 해당합니다. 1분도 채 못 산 것입니다. 그런데 이 어린 것이 버르장 머리 없이 온통 흙탕물을 튀기고 있습니다.

생물학자들끼리 결론도 안 나는데 부질없이 하는 내기가 있습니다. 우리 인간은 지구에서 얼마나 더 살 수 있을까. 지금껏 살아온 시간만 큼 지구에서 더 살 수 있을까요? 저는 단언합니다. 25만 년 더 못 삽니다. 현재 인류가 저지르고 있는 환경 파괴와 온갖 잔인한 행동들을 보면, 우리는 가장 좋은 머리를 가졌지만 스스로를 파멸의 길로 몰아가는 가장 어리석인 동물입니다.

이 세상에서 가장 을씨년스러운 광경을 꼽으라면 나는 주저하지 않고 남태평양 한가운데 떠 있는 이스터 섬의 석상들을 말할 것입니다. 그 옛날 그 섬에 살던 사람들은 도대체 무슨 목적으로 이 거대한 석상들을 만들었을까요? 그리고 그들을 어떻게 곧추세웠을까요? 거대한 석상을 섬 여기저기에 잔뜩 세워 놓고 정작 그걸 만든 이들은 어디로 사라져 버린 것일까요? 의문은 지금도 꼬리에 꼬리를 물건만 정작 그 모든 걸 지켜보았던 석상들은 오늘도 무거운 입을 다문 채 엉거주춤 그곳에 그냥 그렇게 서 있습니다.

화석 자료에 의하면 이스터 섬은 원래 울창한 삼림으로 덮여 있었다고 합니다. 그러나 지금은 나무 한 그루 찾아보기 어려운 황량한 곳입니다. 바람을 막아 줄 나무 한 그루 없는 벌판에 석상들만 쓸쓸하게 서 있습니다. 나는 그 석상들을 볼 때마다 인류 문명의 종말을 보는 것 같아 자꾸 서글퍼집니다.

주변 자연환경은 쑥대밭을 만들어 놓고 문명의 유물만 남긴 채 정작 그 문명을 일으킨 장본인들은 자취를 감췄습니다. 우리 인간이 사라진 다음 이 지구의 환경 보전에 과연 무슨 의미가 있을지 자꾸 나 자신에게 되묻습니다. 우리가 이 지구에서 절멸한 다음에도 삶의 철학적 의미가 존재할 것인지 묻고 싶습니다.

우리 삶은 우연한 것입니다. 어쩌다 우연히 태어난 존재일 뿐입니다. 가장 짧고 굵게 살다 간 종으로 기록되지 않으려면 지구의 역사와 생명의 본질에 대해 더 많이 알아야 합니다. 자연을 더 많이 공부하고 더 많이 알고 배우다 보면 우리 자신을 더 사랑하고 다른 동물이나 식물도 사랑하게 될 것입니다.

자연계에 우리를 죽일 만한 것들은 얼마 남지 않았습니다. 인간의 최대의 적은 바로 인간입니다. 이 흐름을 깨려면 자연이 공생을 중심으로 만들어졌다는 것을 이해하고 우리 삶에 적용해야 합니다.

공감의 세대

믿지 않겠지만 큰 재앙이 터지면 5060세대도 봉사활동 하러 갑니다. 대신 계산하고 갑니다. '아, 내일 회의가 있으니 모레 가야겠지?' 잴 거 다 재고 따질 거 다 따지고 갑니다. 그런데 젊은 세대들은 자기 앞가림도 못하는 주제에 앞뒤 가리시 않고 남을 돕겠다고 달려가더군요. "내일 시험인데 그냥 가면 어떡해." 부모들은 걱정스러울 수밖에 없지요.

그런데 어느 날 나는 이런 생각을 했습니다. 인류의 역사를 통틀어 많은 사상가와 성현들이 공통적으로 한 이야기가 있습니다. 남을 위해 살아라, 이웃을 사랑하라. 예수님은 원수까지도 사랑하라고 하셨지요. 서로 돕고 사는 세상. 그것이 인류가 추구해야 할 가장 이상적인 가치라면 1020세대가 지금 그걸 실천하고 있다는 생각이 들었습니다. 그리고 지금 젊은 세대들이 우리 사회의 주인이 되는 때, 1020이 5060이 되는 때가 되면 우리 사회의 게임의 법칙이 바뀌지 않을까 하는 기대를 갖게 되었습니다.

나는 그들을 '공감의 세대The Generation of Empathy'라고 부르기로 했습니다. 우리 세대는 남보다 더 빨리 움켜쥐려 노력하고, 너무 많이 가졌나 민망하면 조금 나누어 주면서 그렇게 살았습니다. 그런데 젊은 세대들은 움켜쥐기 전에 나눌 줄 알더군요. 그들이 우리 사회의 주인이 되면 먼저 움켜쥐고 나누어 주는 것이 아니라 처음부터 잘 나누는 것이 우리 사회의 룰이 되지 않을까 하는 기대를 가지고 있습니다.

그렇게 될 수 있다면 그들은 인류 역사상 가장 아름다운 세대가 될 것입니다. 인류가 열망하던 유토피아, 내가 염원하는 공생인들의 세상을 젊은 세대들이 열어 줄지도 모르겠다고 생각하니, 가르치는 학생들이 그렇게 사랑스러울 수가 없었습니다. 그들이 하는 모든 일이 아름다워 보이기 시작했습니다.

젊은이들이 광화문에서, 그리고 월스트리트에서 외치고 있는 것들 또한 '함께 가자'는 것이고, 어른들은 무엇이 두렵기에 왜 안 된다고 하느냐고 묻고 있는 것이잖아요. 나는 그들을 믿기로 했습니다. 젊은 세대의 뒤에서 내가 혹시 할 수 있는 일이 있다면, 우리 세대를 설득하는 일을 시작하겠습니다. 그 뒤에 줄 서겠습니다.

하지만 젊은이들에게 한 가지 당부하고 싶은 것이 있습니다. 남을 도우려면 내가 먼저 서야 한다는 것입니다. 남을 돕는 데도 효과의 차이는 있습니다. 무작정 달려가는 것도 좋지만, 나를 늘 돌아보는 사람이 되었으면 좋겠습니다. 내가 힘을 더 키우면, 그만큼 더 크게 남을 도울 수 있습니다. 젊었을 때는 나를 위해 열심히 살고, 어느 정도 위치에 올라간 후에 드디어 세상을 돕는 일을 하는 사람들도 있습니다. 그들의 파급 효과도 결코 적지 않습니다.

여기서 고백하렵니다. 나는 나보다 더 이기적인 사람을 본 적이 없습니다. 하루의 단 1분도 남을 위해 살지 않습니다. 나를 위해 살기도

손잡지 않고 살아남은 생명은 없다

힘들어 죽겠는데, 왜 남을 위해 삽니까? 내가 싫어하는 일은 죽었다 깨어나도 안 합니다. 강연도 제가 좋아서 갑니다. 1020세대가 새로운 세상을 만들어 가는 데 먼저 산 사람으로서 한마디라도 도움이 되는 이야기를 해주고 싶고, 그리고 그것이 마음에 남아 훗날 좋은 영향을 줄 수 있다면 좋겠다고 생각합니다.

이렇듯 내가 좋아하는 일 중에 하고 나서 보면 남한테도 좋은 일이 있습니다. 나는 어쩌면 그런 세상이 유토피아가 아닌가 생각합니다.

학문도
만나야
산다

숙제만 하고 출제는 못 하는 대한민국

스티브 잡스가 아이폰을 출시하면서 했던 퍼포먼스를 기억하나요? 제품 설명회를 하는 무대에 이정표를 설치해 놓고, 방향 표시판을 두 개 달았습니다. 하나는 '기술Technology'을, 또 하나는 '인문학Liberal Arts'을 가리킵니다. 그러니까 아이폰은 '기술'과 '인문학'이 교차하는 지점에서 탄생했다는 것입니다.

이 말을 듣는 순간 '구라가 저 정도면 신의 수준이다' 싶더라고요. 근데 이게 말로 끝나지 않았다는 데 주목해야 합니다. 아이폰이 세상을 바꾸었습니다. 세상 사람들이 제 발로 그 안에 기어 들어가 앱을 만들

어 올리고, 네트워크를 형성하고…… 내 눈에는 하루 24시간 동안 밖에서 사는 시간보다 아이폰 속에서 사는 시간이 더 길어 보입니다.

잡스가 대단한 것은 '이 기계를 만들어 내면 그 안에 새로운 세계와 사회가 구성될 것이다'를 예측했다는 것입니다. 소비자가 무엇을 절실하게 원하는가를 알고 만들어 냈기에 다른 것입니다. 그의 생각대로 아이폰 이전과 이후의 세상은 완전히 달라져 버렸습니다.

우리나라도 휴대전화 잘 만듭니다. 디자인도 예쁘고 성능도 좋아서 세계적으로 인정받고 있습니다. '이런 휴대전화 한번 만들어 봐라' 하는 '숙제'를 내주면 기술력, 디자인 능력 등을 총동원해서 참 잘 만드는데, '출제'는 아직도 못 하고 있습니다. 애플이 뭘 출시하고 나야 우리나라 기업들도 비슷한 걸 내놓고 구시렁댑니다. "속도는 우리가 더……." "해상도는 우리가 더……." 그래 봐야 우리는 숙제밖에 할 줄 모르는 나라입니다.

영화 〈아바타〉 제작 당시 한국인 컴퓨터 그래픽 디자이너가 여럿 참여했다고 합니다. "전 세계 애니메이션은 대한민국이 다 그린다"는 말이 있을 정도로 한국의 그래픽 실력은 세계적인 수준입니다. 그런데 결국 이것도 제임스 카메론 감독이 이렇게 만들어 달라고 숙제 내면 그대로 만들어 냈다는 이야기입니다.

이런 걸 다른 말로 하청이라고 합니다. 우리나라, 하청업은 곧잘 합니다. 그런데 왜 〈아바타〉 같은 영화를 만들어 내지 못할까요? 그리는 건 잘하는데 전체 과정을 만들어 내지 못하기 때문입니다. 컴퓨터 그래픽만 잘하면, 과학 기술만 알면 만들 수 있나요? 스토리가 있어야 합니다. 스토리를 만들려면 인문학적 소양이 풍부해야 합니다. 그렇다고 인문학만 알아서는 안 됩니다. 과학 기술 위에 인문학을 얹을 수 있어야 합니다.

우리나라가 국민소득 2만 불의 덫에 빠진 지 10년이 다 되어 갑니다. 여기서 한 가지 묻고 싶은 것이 있습니다. 몇 년째 강연 자리가 있을 때마다 묻고 다닙니다. 대한민국 국민보다 더 죽어라고 일만 하고 사는 국민을 알고 있다, 하는 분 손들어 보십시오.

나는 여행을 참 많이 다녔습니다. 내 주특기가 바로 관찰인데요, 여지껏 관찰한 바에 따르면 지금 이 순간 가장 열심히 일하는 사람들이 바로 대한민국 국민입니다. OECD 국가 중에 우리나라가 노동 시간이 제일 깁니다. 해마다 IQ 조사하면 우리나라가 전 세계에서 2, 3등

손잡지 않고 살아남은 생명은 없다

안에 꼭 듭니다. 국제올림피아드 나가면 금메달 휩쓸어 옵니다. 그렇게 머리 좋은 사람들이 지난 10년간 이렇게 열심히 일했는데, 왜 국민소득 2만 불을 못 벗어나는 것일까요?

전 국민이 매일같이 왜 해야 하는지도 모르고 그저 열심히 숙제만 한 것입니다. 우리는 출제를 할 줄 모릅니다. 아무리 죽어라고 숙제만 한들 더 이상 올라갈 수 없는 한계가 온 것입니다. 전 국민이 똑같은 공부해 똑같은 시험 봅니다. 성적순으로 줄 세워 대학에 들어가고, 또 비슷비슷하게 배우고 사회에 나와 도토리 키 재기 합니다.

이제 열심히 숙제 하는 우리들 주변에도 군데군데 출제를 하는 사람이 나타나 줘야 합니다. 우리 숲에도 다양한 생각을 할 수 있는, 학문의 경계를 두려워하지 않고 넘나들 수 있는 스티브 잡스, 제임스 카메룬 같은 사람이 나타나야 합니다. 그런 사람들 골치 아픕니다. 대부분의 경우 난장판 만듭니다. 하지만 그들이 만들어 내는 난장판 속에 다음 세대의 먹거리가 발견될 것입니다.

깊게 파려거든 넓게 파라

스티브 잡스가 대단하다고 하지만, 옛날에는 한 분야에 매몰되지 않고 다양한 분야를 섭렵한 만능인, 르네상스맨들이 참 많았습니다. 아리스토텔레스, 레오나르도 다빈치, 다산 정약용, 연암 박지원…… 그들이 활약하던 시절에는 다뤄야 했던 지식의 총량이 그리 방대하지 않아 특출한 개인이 여러 분야를 섭렵할 수 있었습니다.

하지만 더 이상 우리 사회에 그들과 같은 학자는 나타나지 않을 것입니다. 지난 두 세기 동안, 19세기와 20세기를 거치며 우리 인류가 축적한 지식의 종류와 규모가 한 개인이 감당할 수 있는 수준을 훨씬 넘어섰기 때문입니다. 그래서 우리는 좁고 깊게 파기 시작했습니다. 이른바 전문화specialization입니다.

하지만 21세기에 들어오면서는 이야기가 달라지기 시작했습니다. 한 우물만 파다간 쪽박 찹니다. 여러 분야에 소양을 갖춘 멀티 플레이어가 되기를 요구합니다. 세상이 변했습니다. 세상 문제가 모두 복합적으로 얽혀 있어서 여러 분야가 함께 풀지 않으면 실마리조차 찾을 수 없습니다.

가야금의 명인 황병기 선생님이 첼리스트 장한나에게 덕담으로 들려준 우리 옛말이 있습니다.

"우물을 깊이 파려거든 넓게 파라."

나는 21세기의 학문 중 어느 것도 다른 학문의 도움 없이 홀로 존

손잡지 않고 살아남은 생명은 없다

재할 수 있는 것은 없다고 생각합니다. 진리의 심연에 이르려면 깊게 파야 하고, 그러자면 넓게 파기 시작해야 하는데 혼자서는 평생 동안 파도 표면조차 제대로 긁지 못하는 것이 현실입니다. 그래서 예전 같은 만능 엔터테이너는 될 수 없어도, 적어도 자기 전공 분야 우물 옆 동네는 넘나들 정도의 소양은 가져야 한다는 것입니다. 이제는 넘나드는 사람이 되어야 합니다.

그것이 바로 '통섭'입니다. 분과된 학문으로는 문제를 절대 해결할 수 없다는 것입니다. 다양한 분야의 학문, 자연과학과 인문학이 만나야 합니다. 자연과학과 인문학이 융합될 리는 없습니다. 하지만 통섭할 수는 있습니다. 이제는 수시로 만나 같은 문제를 풀어 나가야 합니다.

나는 우리 한국인이 '통섭'을 세계에서 제일 잘할 수 있는 민족이라고 생각합니다. 비빔밥은 우리에게는 너무 익숙한 음식이지만 외국인들은 보고서 깜짝 놀랍니다. 이렇게 많은 채소를 한번에 넣고 비벼 먹는 음식이 서양에는 없습니다. 도저히 어울릴 것 같지 않은 재료들인데 넣고 슥슥 비비면 상상할 수 없었던 새로운 맛이 납니다.

서양인들은 큰 접시에 음식이 이것저것 담겨 있는 상태로 먹지만, 우리는 식탁 위에 밥, 국, 반찬, 여러 음식을 두고 먹습니다. 그래서 먹는 순간에도 쉬지 않고 뇌를 쓴다고 합니다. 밥 한 숟가락 먹고 고민에 빠집니다. 다음에는 뭘 먹어야 맛이 조화로울까 하면서요. 섞는 것은 우리가 세계 최고라 해도 과언이 아닙니다.

수능은 쳐도 수학능력은 없다?

피터 드러커Peter Ferdinand Drucker 교수는 21세기에는 모두가 평생직장에 묶여 있는 게 아니라 '지식의 유목민'이 될 것이라고 예언했습니다. 나는 강의실에서 학생들에게 "지금 여기 앉아 있는 여러분의 절반은 이 땅에서 살지 않을 것"이라고 말합니다. 단언하건대 지금의 젊은 세대는 직업을 따라 전 세계를 돌아다니며 살게 될 것입니다.

그런데 대부분의 대학생들이 대학 4년 동안 이 좁은 땅에서 써먹을 수 있는 스펙을 쌓느라고 코를 박고 지냅니다. 얼마나 어리석은 일입니까. 전 세계를 상대로 스펙을 쌓아야 합니다. 이 나라 안에 있는 직업만 바라보고 있다가는 굶어 죽기 십상입니다. 나는 반드시 그런 날이 오리라 확신합니다.

이런 모습, 상상은 해보셨나요?

손잡지 않고 살아남은 생명은 없다

그렇다면 세계를 상대로 쌓아야 하는 스펙은 무엇일까요? 기초학문을 충실히 하는 것입니다. 인문학과 자연과학의 기초만 잘 닦아 놓으면 언제든 새로운 전문 분야에 뛰어들 공부를 할 준비가 갖춰지는 것입니다.

이 광고를 지하철에서 본 적이 있을 것입니다. 공익광고 대상까지 받은 광고예요. 5년 후 대한민국의 모습입니다. 그때가 되면 15세 미만의 어린아이보다 65세 이상 어르신들이 더 많아집니다. 기존의 경로석으로 부족하니까 가운데로 옮겨 드리고, 어린아이들은 몇 명 안 되니까 구석 자리로 가서 앉는 거지요. 이것이 우리의 미래입니다.

미래학자들이 말하기를 여러분은 앞으로 대여섯 번, 많게는 열 번까지 직업을 바꾸게 될 거라고 합니다. 조만간 정년퇴직 제도는 없어질 것입니다. 2~3년 후면 일하는 사람보다 퇴직하고 집에 있는 사람의 수가 더 많아집니다. 그래서는 한 나라의 경제가 유지될 수 없겠지요. 정년이 없어지는 건 시간문제고, 여러분은 아마 평생 일하게 될 것입니다.

30세에 일을 시작한다고 하면 100세까지 70년 동안 일해야 한다는 이야기인데, 처음 들어간 대기업에서 70년간 굳세게 버틸 수 있을까요? 임원이 되는 몇을 제외하고는 40대 초반에 쫓겨납니다. 그러면 다음 직업을 구해야 합니다. 그런데 아는 것이라고는 대학에서 한 경영학 공부가 전부입니다. 그런데 경영학만큼 변화가 빠른 학문도 없습니다. 대학 때 배운 경영 이론은 이미 구닥다리가 되었고, 무엇을 해야 할지 막막할 것입니다.

인문학과 자연과학, 수학의 기초를 확실히 다진 사람만이 일고여덟 번의 직업을 운 좋게 얻어서 갈 수 있을 것이라고 생각합니다. 그런 능력을 뭐라고 하지요? 학문을 공부할 수 있는 능력, 한자말로 수학修學능력, 준말로 수능이라고 합니다. 우리나라 학생들이 대학에 가기 위해 치러야 하는 시험이 수학능력 시험이지요? 그런데 실제는 어떤가요?

나는 1년에 한 번 한 강의는 꼭 영어로 수업을 합니다. 영어를 안 쓰면 실력이 자꾸 줄어들까 봐 순전히 이기적인 목적으로 영어 강의를 하는데, 첫 시간에 예고도 없이 첫마디부터 영어로 입을 열면 한 반수 가 우르르 나갑니다. 그리고 무엇을 해야 한다는 설명을 하면 거기서 또 반수가 나갑니다. 학생 수 줄이는 데 좋은 방법이지요. 하지만 이제 는 영어로 미국에서 했던 강의를 그대로 해도 미국 학생들 못지않게 잘 따라옵니다.

그토록 우수한 학생들이지만 미국 학생들과 비교했을 때 결정적으 로 부족한 것이 하나 있습니다. 미국에서는 다양한 전공의 학생들이 내 강의를 들었는데, 별 어려움 없이 잘 따라왔습니다. 물론 학기 초에는 조금 고생을 합니다. 그러면 이러이러한 것을 미리 읽어 오라거나 이러 이러한 수학 책을 좀 공부해 보라고 합니다.

그러면 필요한 공부를 따로 해 와서, 어느새 수업을 따라가는 데 지 장이 없을 정도의 수준에 도달합니다. 미국의 학생들은 전공 외에도 어

손잡지 않고 살아남은 생명은 없다

떻게 하면 다른 분야의 공부를 할 수 있는지를 미리 배워서 대학에 오는 것입니다. 말 그대로 '수학능력'을 갖추고 들어온 것이지요.

하지만 우리나라 학생들은 수학능력 시험을 보고 들어왔는데도, 인문대 학생이 생물학 강의를 들으면 전혀 따라오지 못합니다. 물리학 강의는 꿈도 꿀 수 없지요. '수학 능력자'가 아니라 '수학 장애우'입니다. 이래서는 안 됩니다. 여러 분야를 넘나들 수 있는 사람이 되어야 합니다.

《통섭의 식탁》이라는 책 서문에서 '기획 독서'라는 개념을 소개했습니다. 대한민국 사람들은 취미가 뭐냐고 물어보면 99%가 등산 아니면 독서입니다. 하지만 나는 취미로 하는 독서도 좋지만, 내가 모르는 분야의 책을 붙들고 씨름하는 것이 진짜 독서라고 생각합니다. 책은 지식을 전달하기 위해 만들어진 것이고, 독서는 취미 이전에 일이어야 합니다.

대학에 있어 보면 많은 학생들이 첫 타석에서 노벨상을 받으려고 하고 만루 홈런을 치려고 합니다. 사람들이 취직할 때 노벨상 수상했다고 대기업에서 모셔 가나요? 남보다 조금 더 나아서 데려가는 것입니다. 다음 직장을 얻는 것도 마찬가지입니다. 작은 일부터 열심히 하다 보면 남보다 조금 더 알게 되고, 기회가 왔을 때 겁 없이 덤벼들 수 있게 되는 것입니다.

문이 빼꼼히 열렸을 때, 그 분야를 볼 줄 모르는 사람은 이렇게 물을 것입니다. "뭘 봐야 되는 거야?" 그런데 조금이라도 아는 사람은 "와 저런 게 있네"라고 말하겠지요. 기회는 누구에게나 옵니다. 책 몇 권이라도 더 읽어서 남보다 요만큼 더 알면, 그 기회를 붙잡을 수 있을 것입니다. 그리고 여러분이 직업을 여섯 번, 일곱 번 갈아탈 때 기획 독서가 그 계기를 제공할 수 있으리라고 생각합니다.

나를 풍요롭게 만들어 준 3년

미국에 있을 때 미시간 대학 명예교우회Society of Fellows의 특별연구원junior fellow으로 발탁되었던 적이 있습니다. 이 명예교우회 제도는 1933년 하버드 대학에서 처음 만들어졌는데, 학문하는 사람들에게는 그야말로 꿈의 전당입니다. 일찍이 하버드 대학 총장을 지냈던 로웰 교수가 "위대한 학자들의 독자적인 연구가 바로 위대한 대학의 정신"이라며 거의 전 재산을 기부하여 만든 기관이지요.

로웰 총장은 그 모임을 만들면서 '학자를 놀려야 한다'고 말했습니다. '여러 다른 분야에 있는 학자들을 한데 모아 놓고 잡담하고 놀게 해줘야 거기서 불꽃이 튀어 위대한 학문이 탄생한다'는 것이지요. 그래서 하버드 대학에 있는 내로라하는 교수들을 다 불러 모았는데, 그냥 오라고 하면 잘 오지 않을 테니까 꾀를 냈습니다. 백 년 묵은 최고급 포도주를 내놓고 금으로 만든 술잔에 따라 마시게 했어요. 처음에는 잿밥에 관심이 있어서 모였지만, 시간이 흘러 모임 자체가 재미있어지자 교수들 스스로 잘 모이게 되었다고 합니다.

그 후 로웰 총장은 젊은 피를 수혈하기 위해 그 분야에서 장래가 촉망되는 젊은 학자들을 뽑게 했습니다. 해마다 박사학위를 갓 받은 전 세계 사람들 중에서 추천위원단의 추천을 받아 특별연구원을 뽑습니다. 하버드 대학 특별연구원으로 선임되면 3년간 다른 특별연구원, 종

신연구원senior fellow들과 저녁 식사를 함께하는 것 외에는 아무런 의무 사항이 없습니다. 3년간 조교수 월급을 받으며 연구에만 몰두할 수 있는 것입니다.

나는 몇 해 전부터 하버드 대학 명예교우회의 추천위원단이 되었습니다. 하지만 정작 나는 하버드 대학 명예교우회 특별연구원 심사에서 탈락했습니다. 지도교수였던 에드워드 윌슨Edward O. Wilson 교수님의 추천으로 인터뷰까지 간 것만 해도 대단한 영광이었지요. 이 명예교우회는 장래가 촉망되는 젊은 학자들을 데려다가 '일 저지르라'고 그야말로 지원을 아끼지 않는 제도입니다.

우리가 신문에서 보는 기라성 같은 학자들, 스키너, 촘스키, 윌슨 이런 분들이 다 하버드대 명예교우회 출신입니다. 미국에서는 이곳의 특별연구원으로 뽑히기만 하면 그날로 다른 대학에서 교수로 모셔 가려고 교섭이 들어옵니다. 경우에 따라서는 그 대학이 선점하기 위해 미리 교수 발령을 내기도 합니다. 이중으로 월급을 받는 것이지요. 하지만 그들은 그 3년 동안 엄청난 업적들을 만들어 냅니다. 20명 가까이 노벨상 수상자가 나왔고, 수많은 퓰리처상 수상자를 배출했습니다.

미시간 대학 명예교우회는 1970년에 시작되었으며, 하버드에 비하면 훨씬 규모가 작습니다. 하버드 명예교우회가 오로지 추천에 의해 심사가 진행되는 것과 달리, 미시간 명예교우회는 누구나 지원할 수 있습니다. 재정적인 지원이 충분한 하버드는 많을 때는 열여섯 명까지 특별연구원을 뽑지만, 미시간은 한 해에 네 명밖에 뽑지 않습니다. 수백 명 지원자 중에 운 좋게 내가 뽑힌 것입니다.

미시간 대학 명예교우회에서 특별연구원으로 지냈던 3년은 내 인생에서 가장 꽃과 같은 시절이었습니다. 3년 동안, 한 해에 네 명씩 총 열두 명의 특별연구원이 있는데, 그들은 매주 수요일마다 모여 함께 점심을 먹었습니다. 그리고 한 사람씩 돌아가며 그날의 발제를 했습니다.

예를 들어 철학하는 친구가 '왜 철학자들의 글은 읽어도 무슨 뜻인지 모를까?' 이런 주제로 발제를 하면 우린 점심을 먹으며 그 문제에 대해 토론합니다. 열두 명이 돌아가면서 발제를 하다 보면 몇 달에 한 번씩 내 차례가 오는데, 어찌나 모임이 재미있던지 한 번도 빠진 적이 없습니다. 항상 낮 12시에 모여 해 질 무렵까지 토론했고, 그것도 모자라 저녁까지 먹고 떠들다 보면 한밤중이 되었습니다.

그렇게 지내다 보면 한 달에 한 번 선임연구원들과 저녁을 먹는 날이 옵니다. 천장이 높은 고풍스러운 홀에 모이면 무작위로 선임연구원들과 함께 앉습니다. 둥근 탁자에 어떤 분들이 모여 앉아 있느냐에 따라 그날의 이야기 주제가 달라지는 것입니다. 초대 손님을 초빙해 이야기를 듣기도 하는데, 그중에는 동양의 용 문양을 평생 연구한 분도 있었습니다.

재즈의 미학, 중산층의 허구에서 철학의 죽음과 양자물리학까지 3년 동안 특별연구원들과의 점심 모임과 선임연구원과의 공식 모임을 통해 통틀어서 200가지가 넘는 주제를 놓고 토론을 즐겼던 것입니다.

내가 지금 자연과학을 하는 사람치고는 제법 말이 통한다며 인문학자들의 잔치에 초대받는 것도 예전에 토론했던 그 200가지 주제와 연결되는 게 있다 보니 가능한 일입니다. 3년간 별의별 것을 다 들었고, 주위들은 풍월이 사실 보통 이상의 수준이었으니까요. 그리고 대한민국에 그런 명예교우회를 만드는 것이 내 꿈 중 하나입니다.

2006년 9월 개원한 통섭원은 그 꿈을 이루기 위한 작은 노력의 하나입니다. 우리나라는 대학에서 박사학위를 받고 나면 시간강사로 일해야 먹고 삽니다. 한 대학만 해서는 입에 풀칠도 할 수 없으니 두세 군데 대학에 나갑니다. 속된 말로 보따리 장사라고 부르지요. 그러다 보면 자기 공부는 할 수가 없습니다. 그렇게 진이 다 빠지고 나면 새롭게 박사학위를 받은 사람들에게 밀려납니다.

내가 경험했던 명예교우회를 전국 방방곡곡에 만들었으면 좋겠습니다. 매년 박사학위 졸업자 중 우수한 사람 100명을 뽑아서, 돈 걱정 없이 5년간 연구만 하게 하면 그만큼의 몫을 해내리라 생각합니다. 안식년을 맞는 교수님들을 선임연구원으로 모시는 겁니다. 거기서 젊은 학자들과 1년을 같이 지내다 보면 미뤄 놓았던 연구도 하고 새로운 기분으로 다시 대학에 돌아올 수 있을 것입니다.

계산해 보니 그 돈이 2, 3백억쯤 되겠더군요. 나중에 막강한 힘을 발휘할 수 있는 사람이 되어서 그만한 돈을 쓸 수 있게 되면, 꼭 한번 만들어 보려고 합니다. 한국 사람으로 미국 명예교우회 특별연구원을 했던 사람은 내가 유일하다고 알고 있습니다. 직접 경험해 본 사람으로서 얼마나 굉장한 일인지 알고 있기에 후학들에게도 그러한 경험을 맛보게 해주고 싶은 마음이 간절합니다.

이제 학문을 넘나들면서 진리의 궤적을 따라다닐 수 있는 진정한 학문의 세계가 열려야 합니다. 그리고 앞으로 반드시 그렇게 변해 갈 것이라고 나는 확신합니다. 여러분도 좁은 시야로 세상을 보기보다는 열린 마음으로, 넓은 시야로 사물을 관찰하고 세상을 보는 사람이 되었으면 합니다.

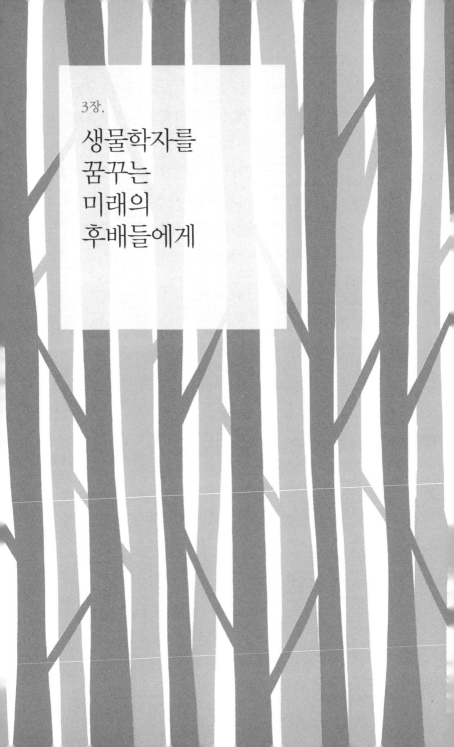

3장.

생물학자를
꿈꾸는
미래의
후배들에게

모든 학문은 생물학일 수밖에 없으며
모든 학문은 생물학으로 귀착한다.
_에드워드 윌슨

왜 하나님은 태초에 인간에게 '생각의 나무', '지혜의 나무'의 열매를 먹지 말라고 했을까요? 기독교인들한테 비난받을지도 모르지만 나는 혼자 이렇게 생각해 보았습니다. 그것은 하나님이 일부러 우리를 유인하기 위해 그러신 거라고 말입니다. 일부러 먹지 말라고 해서 더 먹고 싶도록 만드신 것입니다.

결국 인간은 다른 동물들과 달리 생각을 많이 하고 살 수밖에 없는 동물이 되었습니다. 생각하는 동물이 궁극적으로 해야 하는 것은 '과학'입니다. 만약 인간이 멸종한다고 해도 우리 대신 정점에 서는, 가장 지성적인 동물이 또다시 과학을 만들어 내리라고 생각합니다. 과학은 두뇌의 산물이고 두뇌는 진화의 산물이니, 당연히 과학은 인간 진화의 산물일 수밖에 없습니다.

나는 개인적으로 인간이 가장 많이 진화한 동물이라는 데 큰 자부심을 갖고 있습니다. 언젠가 내 생을 마감할 때 인류가 공유하는 지식과 지혜의 덩어리에 무언가 기여했다는 자부심을 가지고 죽고 싶습니다. 그리고 이 세상에서 새로운 것을 찾아내 인류의 지혜와 지식에 보탬이 되는 일을 하는 사람이 바로 과학자입니다. 나와 비슷한 꿈을 가졌다면 과감히 과학에 덤벼들기를 권합니다.

성 아우구스티누스라는 신학자는 '사랑하면 알게 된다'는 말을 했습니다. 이 말은 성경에 나와 있는 말씀이기도 한데, 하나님을 영접하고 사랑하게 되면 하나님에 대해서 많이 알게 된다는 뜻입니다. 하지만 나는 '알면 사랑한다'라고 말하고 싶습니다.

나는 사람들이 자연에 대해 잘 모르기 때문에 이용만 하고 유린하며 산다고 생각합니다. 무척 미워했던 친구라도 왜 그럴 수밖에 없었는지 그 친구에 대해 충분히 알고 나면 좋아하게 되는 경험을 해봤을 것입니다. 자연의 본모습을 충분히 알고 나면 차마 어쩌지 못하는 것이 우리 인간의 심성일 것이라고 나는 믿고 있습니다.

알면 사랑한다. 과학이 바로 앎의 활동입니다. 여러분 중에 과학에 뛰어들기를 주저하는 분이 있다면 주저 말고 나와 함께 과학의 길을 가기를 바랍니다. 여기서는 내가 몸담고 있는 생물학의 세계에 대해서 이야기해 보겠습니다.

손잡지 않고 살아남은 생명은 없다

21세기는
생물학의
시대

마르지 않는 이야기의 샘

언젠가 어떤 분이 내 글이 작가들한테 인기가 좋다고 말한 적이 있습니다. 내심 '내 글이 굉장한 경지에 올랐구나' 싶어 뿌듯해했는데, 나중에 알고 보니 문장이 좋다기보다는 내 책 내용 중에 글의 소재로 삼을 만한 것이 많기 때문이라고 합니다.

내 책에는 다양한 동물들의 이야기가 나옵니다. 작가들이 거기서 모티브를 얻어 소설의 주제로 삼기도 하고, 《개미제국의 발견》, 《생명이 있는 것은 다 아름답다》 같은 책의 내용을 각색해서 쓰기도 한다는 것입니다. 그래서 그런지 요즘 잘나가는 작가 분들이 당신 책을 보고 이렇게 썼노라며 책을 보내 주는 일이 잦습니다.

사실 나야말로 어려서부터 작가가 되고 싶었습니다. 대학도 제대로 못 가고 소 뒷걸음질 치다 쥐 잡듯 생물학자가 되었는데, 생물학자로서 쓴 글들을 작가들이 좋아해 주었습니다. 덕분에 작가 친구들이 많이 생겼습니다. 공지영, 은희경, 김영하, 김형경 선생님 같은 분들이 책을 내면 자필 사인을 해서 내게 보내 줍니다. 서문에서 가끔 내 글을 읽고 영감을 얻었다는 내용을 읽기도 합니다. 그때마다 작가는 못 되었지만 내가 좋아하는 동물행동학도 하고 대단한 작가들과 친구가 되었으니 이만하면 성공했다 싶습니다.

그런데 이렇게 작가들과 친해지기 전에 내 책《생명이 있는 것은 다 아름답다》의 서문에 조금 건방진 이야기를 쓴 적이 있습니다. 영어로는 '작가의 장벽writer's block'이라고 하는데, 글이 안 떠올라서 애를 먹는 것을 말합니다. 원고지를 북북 찢고 구겨서는 휙 집어던지고 하는 것 말이지요. 그런데 나는 그런 괴로움을 겪지 않는다고 썼습니다. 왜냐하면 글의 소재가 마르는 적이 별로 없기 때문입니다. 늘 저 광활한 자연에서 소재를 퍼 오니까 끊임없이 쓸거리가 생깁니다.

서두가 조금 길어졌지만, 내가 말씀드리고 싶은 것은 동물의 행동에 대해서 충분히 알고 많이 관찰하고 나서 글을 쓰면 쓸거리가 무한해진다는 것입니다. 반면 한 번도 동물이 어떻게 행동하는지 제대로 관찰해 본 적도 없으면서 소설에서 동물 운운하려고 하면 참 고달픕니다.

그래서 작가들이 글 한두 편 발표하고 난 다음 짐 싸서 배낭 메고 어디론가 떠나는 것입니다. 충전을 하기 위해, 무언가를 보기 위해서 말입니다.

앞으로 21세기에는 글재주만 가지고 기교를 부린 글보다는 과학자나 경제학자 등 실제로 공부를 많이 한 사람들이 쓴 글에 더 많이 호응하는 시대가 올 것입니다. 20세기는 감성적인 코드가 통하는 시대였다면, 21세기는 지식 경쟁의 시대이기 때문에 글 안에 지식이 담겨 있지 않으면 그 생명이 오래가지 못할 것입니다. 작가를 꿈꾼다고 해도 공부를 많이 해야 합니다. 세상의 많은 것을 보고 경험하는 것이 중요합니다.

통섭의 길목에 생물학이 있다

나는 지식 통합의 길목에 '생물학'이 서 있다고 느낍니다. 생물학은 자연과학 중에서 인문학 쪽의 연결고리를 가장 많이 갖는 학문입니다. 인문학 하는 분들은 자연과학자 중에, 예를 들어 물리학자하고는 이야기하기가 쉽지 않습니다. 하지만 생물학은 워낙 복합적인 생명 현상을 연구하다 보니까 인문학에서 연구하는 것과 겹치는 부분이 많습니다. 그냥 자연스럽게 양쪽에 다리를 걸치기 쉬운 학문이 바로 생물학입니다.

앞으로 21세기에는 학문의 거대한 두 주류, 인문학과 자연과학이 서로 만나고 뒤섞일 텐데, 거기서 중심 역할을 해줄 사람들이 결국은 생물학자일 것이라고 생각합니다.

예전보다 생물학의 위상이 많이 높아지기는 했지만 '생물학자 된다고 CEO가 되는 것도 아닌데 해도 될까?' 하고 생각하는 젊은이들이 많습니다. 앞으로 생물학은 무궁무진한 발전을 할 수밖에 없습니다. 생물학이 관여되지 않는 분야가 거의 없기 때문입니다. 도전해 보고 싶다면 과감하게 도전하라고 권하고 싶습니다.

다만 생물학을 잘하려면 약간의 자격이 필요합니다. 물리학이나 화학처럼 쪼개고, 쪼개고, 또 쪼개서 부분을 보는 연구에 매진할 거라면 분석력만 확실하게 갖추면 됩니다. 하지만 생물학에서는 쪼개고, 쪼개

고, 쪼개고 나서 부분을 본 후 다시 그것을 한데 뭉쳐서 바라보는 능력이 필요합니다. 부분을 한데 묶어 놓고 어떻게 행동하나, 왜 이렇게 행동하나 하는 결론에 이르러야 하는 것입니다.

그래서 훌륭한 생물학자가 되려면 분석력과 함께 종합력을 갖춰야 합니다. 파고들어 갈 줄도 알아야 하지만 가끔은 몇 발자국 뒤로 물러나서 전체를 보고 전체적인 흐름을 파악할 줄 알아야 합니다. 양쪽을 다 갖추는 것이 어렵게 보일 수도 있지만, 그런 훈련을 받지 않았을 뿐 그다지 어려운 일은 아닙니다.

세계적인 석학들이 예언했듯이 21세기가 생물학의 시대가 되리라는 데는 추호의 의심도 없습니다. 그러한 생물학의 시대에 주역이 되려면 포괄적인 준비를 해야 합니다.

글쓰기 능력부터 시작해 전체적인 것을 꿰뚫어 볼 수 있는 종합적인 판단력도 기르고, 그런가 하면 분석해 들어가는 데도 남에게 뒤지지 않아야 합니다. 문과적인 기질과 이과적인 기질을 골고루 갖춘 사람이어야 합니다. 양쪽을 다 갖추는 것이 쉽지는 않겠지만, 고르게 개발해 기초를 확실히 다지고 생물학에 뛰어든다면, 아주 흥미롭고 재미있는 학문을 맛볼 수 있을 것입니다.

통합생물학의 바람이 분다

생물학은 생명을 연구하는 학문입니다. 그런데 이러한 '생명 현상'을 연구하는 생물학과를 찾아가 보면 한 학과 내에 여러 연구실이 분리되어 따로 있습니다. 생물학과 내에 물리화학, 생화학, 세포학, 유전학, 생리학, 그리고 내가 연구하는 생태학…… 이런 식으로 각기 다른 세부 영역에서 따로 생명 현상을 연구합니다.

하지만 생명 현상은 너무나 복잡하고 복합적이라 어느 한 분야에서 아무리 연구해 본들 코끼리 다리 만지기에 그칠 수밖에 없습니다. 단순한 시스템을 연구하는 분야에서야 그런 것이 가능하겠지만, 생물학은 분야를 세분화하는 것이 그리 썩 좋은 방법이 아닙니다. 그런데도 20세기 내내 이렇게 쪼개 왔습니다.

심지어는 그 안에서도 더 쪼개어 무슨 세포학, 무슨 유전학 이런 식으로 나누었습니다. 생태학도 시스템 생태학, 진화 생태학, 보존 생태학 등 날이 갈수록 세분화되었습니다. 쪼개진 한 부분에서 연구하는 사람은 같은 생태학자이면서도 다른 생태학에 대해서는 별로 아는 바가 없습니다. 지나치게 전문화된 것입니다.

하지만 '진리'의 입장에서 볼 때, 각 학과를 나누는 것이 무슨 의미가 있을까요? 분야를 세분화해 전체를 이해하겠다고 하는 것은 어리석은 일이 아닐 수 없습니다. 그런데 20세기 내내 이런 어리석은 짓을 했

손잡지 않고 살아남은 생명은 없다

습니다. 이것을 환원주의Reductionistic Approach라고 합니다. 즉 쪼개고 쪼개서 부분을 이해하고, 그 부분들을 묶어 전체를 이해하는 것입니다.

화학물질 수준에서부터 시작해 단백질, DNA 수준에서 연구하고, 그런 걸 다 뭉치면 세포를 이해할 수 있고, 세포 수준에서 다 연구하면 세포가 뭉쳐서 이루어진 조직을 이해하고, 조직 수준에서 연구해서 기관을 이해하고, 허파, 뇌 같은 각 기관들을 따로따로 연구해서 붙이면 하나의 생명체를 이해할 수 있을 줄 알았는데, 생물학은 아무리 부분을 합쳐도 전체가 이해되지 않았습니다.

그래서 환원주의 일변도로 치닫던 생물학이 이제 종합을 시도하고 있습니다. 가장 작은 단위 그러니까 물리화학부터 시작해 생화학 그리고 세포학, 유전학…… 이렇게 점점 큰 단위로 올라가면서 연구하기 시작한 것입니다. 즉 이전까지는 같은 생명 현상을 놓고 수평적으로 연구해 왔다면, 세계적인 생물학 연구팀들은 수직적으로 연구하는 방식으로 다 바꾸어 가고 있습니다.

그리고 이 전체를 꿰어 주는 것이 바로 진화론입니다. '진화 생물학'이 전체를 엮어 줍니다. 이것이 바로 21세기의 생물학입니다. 통합적인 접근 방식으로, 통합생물학이라고 말합니다. 세계는 이미 통합생물학의 시대로 완전히 접어들었습니다. 다만 우리 국내 생물학계는 아직도 쪼개는 데 더 익숙해 있어 안타깝습니다.

동물행동학으로의
초대

이제 생물학 중에서도 내가 연구하는 동물행동학에 대한 이야기를 해 보겠습니다. 우리와 가깝게 혹은 멀게 연결되어 있는 모든 동물들의 행동과 본성을 연구하다 보면 그 안에 어렴풋이 우리의 과거가 보입니다. 동물행동학의 매력은 여기에 있습니다.

재미있는 동물의 세계

내 생각에 동물행동학은 학문 중에 역사가 최고로 오래된 학문입니다. 고대 동굴벽화를 보면 동물 그림이 많이 나옵니다. 왜 저렇게 동물들을 많이 그려 놓았을까요? 그것은 동물들을 늘 관찰하고 있었다는 증거입니다. 생계와 직접적으로 연결되어 있는 일이었을 테니까요.

무서운 동물이나 잡아먹고 싶은 동물을 열심히 관찰하는 사람과 그렇지 않은 사람의 차이를 한번 생각해 볼까요? 예를 들어 두 동굴 집안이 있다고 합시다. 한 집은 허구한 날 모여서 잡담이나 하고 아무것도 안 하는데, 또 다른 집은 매일같이 나가 아들은 무서운 맹수를, 딸은 사슴이나 토끼 같은 동물을 관찰합니다.

어느 날 아버지가 "사냥 가자!" 하자 딸이 이렇게 말합니다. "지금 가면 사슴이 안 나와요. 이따 해 질 무렵에 저쪽에 가서 기다리면 사슴이 올 거예요." 그러면 옆에서 아들이 "대신 해가 지면 바로 들어오세요. 그렇지 않으면 저 길목에 호랑이가 나타나거든요" 하고 말해 줍니다. 전자와 후자 어떤 집이 더 잘 살까요?

그렇게 보면 동물행동학은 분명 필요에 의해 만들어진 학문입니다. 그런데 오늘날은 그리 중요한 대접을 받지 못하고 있는 것이 현실입니다.

예전 학교에 몸담고 있을 때 겪은 일입니다. 학과를 묶어 생명과학부로 통합하던 시절이라, 네 개 학과에 개설되어 있던 과목들을 한 과의 과목으로 줄여야 하는, 그러니까 세 과목을 없애야 하는 상황이었습니다.

예를 들어 유전학이라는 과목의 경우 생물학과에서는 생물유전학을, 미생물학과에서는 미생물유전학을, 분자생물학과에서는 분자유전학을 가르칩니다. 과목명만 다를 뿐 교과서도, 가르치는 내용도 같습니다. 네 과목이 한 과목이 되어서 네 선생님이 같이 가르치면 될 텐데 아무도 양보하지 않았습니다.

회의에 회의를 거듭해 오던 차에 하루는 원로 교수님 한 분이 참석했습니다. 이전 회의는 주로 내 연배의 중견 교수들이 참석했는데 말이지요. 나이로 기선을 제압해 보겠다는 심산이었습니다. 그런데 그분이 강의 리스트를 죽 보더니 "여기 동물행동학, 이런 건 좀 없애도 안 되나? 재미로 하는 건데" 하는 것입니다.

바로 내 앞에 앉아 그런 말씀을 하시는데, 나는 너무 어이가 없어 아무 말도 하지 못하고 있었습니다. 그때 나 대신 신경생물학을 하는 교수들이 들고일어섰습니다. "신경생물학이 21세기의 총화이며, 신경생물학을 하려면 동물행동학을 해야 하는데 그게 무슨 말씀이세요?" 하고 대변해 주었습니다. 그러자 궁지에 몰린 노 교수님은 "아니, 난 재밌다 이거지" 하면서 얼버무리더군요.

좀 씁쓸한 일화이긴 하지만, 어쨌든 동물행동학은 대우를 받진 못해도 참 재미있는 학문입니다. TV에서 〈동물의 왕국〉 프로그램 보고 싫어하는 사람 별로 없습니다. 심지어 미국의 캔자스 주에 큰 목장을 경영하는 분이 있는데, 하루 종일 소하고 지내고는, 저녁때 집에 들어와서도 TV를 켜고 동물이 나오는 프로그램을 본답니다. 동물을 싫어하는 사람은 사실 거의 없을 것입니다. 다 좋아하고 다 재미있어 합니다.

손잡지 않고 살아남은 생명은 없다

    동물들의 행동을 관찰하며 그들이 왜 그렇게 행동해야 하는지를 연구하노라면 하루해가 어떻게 가는 줄 모릅니다. 나 역시 다시 태어나도 또 동물행동학을 공부할 것입니다. 자기가 하는 학문이 나처럼 재미가 있어 죽을 지경이 아니면 어떻게 매일 씨름하며 살까 의심스럽습니다. 학문이란 모름지기 재미로 해야 제대로 하는 법입니다. 그리고 재미로 하는 학문이 재미 수준을 넘으면 더 재미있어집니다.

동물행동학 연구의 어려움

동물행동학은 동물들의 사는 그대로의 모습을 관찰해야 하기 때문에, 그들이 사는 곳에서 연구해야 하는 어려움이 있습니다. 아무리 오지라도 동물들이 사는 그곳에 있어야 합니다. 내가 관찰하러 간다고 해도 보고 싶은 행동을 때맞춰 보여 주는 게 아닙니다. 그래서 때론 무작정 기다려야 합니다.

내가 초청해서 이제 거의 해마다 우리나라에 오시는 제인 구달 박사님은 50년 이상 침팬지를 연구하셨습니다. 스물여섯 살의 젊은 나이에 아프리카 오지로 혼자 가서 침팬지하고 같이 사셨지요. 그런데 침팬지는 야생 동물이라 먼발치에서 사람을 슬쩍 보기만 해도 다 도망갔다는 것입니다. 그러다가 한 6개월쯤 지나서야 아기 침팬지가 제인 구달의 손을 만졌는데, 어미 침팬지가 뒤에서 보고 그냥 놔두더랍니다. 그제야 침팬지 연구를 시작할 수 있게 된 것이지요.

지금 미국 스미스소니언 박물관에서 일하고 있는 존 카딩턴John Coddington이라는 친구는 물 위에 발처럼 생긴 거미줄을 치는 거미를 연구했습니다. 그 거미는 찰랑찰랑하는 수면 위에까지 거미줄을 늘어뜨리고 거기에 끈적이를 다닥다닥 붙여 놓습니다. 발에 달린 구슬처럼 말이지요. 수서水棲 곤충들은 하류에서 성충이 되고 알을 낳기 위해 상류로 올라오는데, 날개가 생기고 난 다음에 물 위로 올라가다가 이 거미

손잡지 않고 살아남은 생명은 없다

줄에 딱 걸리는 것입니다.

지금 같으면 물 위에 비디오카메라만 설치해 놓으면 됩니다. 컴퓨터에 연결만 해도 알아서 영상 받고 분석까지 해줄 텐데, 당시만 해도 그런 장비가 전혀 없었습니다. 그래서 그 친구가 직접 가슴까지 차오르는 물속에 앉아서 노트를 들고 스톱워치를 눌러 가며 거미의 일거수일투족을 다 기록했습니다.

그러고 열대에서 돌아왔는데, 그 친구 몸에 기가 막힌 일이 벌어졌습니다. 하버드 대학교에 세계적인 곰팡이 분류의 권위자인 도널드 피스터Donald Pfister라는 분이 있는데, 이 친구를 보더니 와이셔츠를 벗어 보라고 했습니다. 그의 몸 여기저기에서 곰팡이가 자라고 있었던 것입니다. 그 자리에서 육안으로 분류한 것만 일곱 종이 되었습니다. 벌써 30년도 넘게 지난 이야기입니다.

몇 해 전 미국에 갔다가 그 친구를 다시 만났습니다. 궁금해서 "그 곰팡이 아직도 있냐?" 하고 물었습니다. 그랬더니 옷을 벗고 보여 주는데 아직도 몇몇 군데에 곰팡이가 남아 있었습니다. 병원에 다니며 약을 바르는데도 잘 안 없어진다고 합니다. 그래서 지금은 같이 살기로 마음먹었답니다. 다행히 생명에는 지장이 없다고 합니다.

이렇듯 동물행동학은 하기가 쉬운 학문은 아닙니다. 다만 그런 고생을 마다하지만 않으면, 그리고 나처럼 자연 속에서 자라서 동물, 곤충이 별로 싫지 않으면 할 수 있는 학문입니다. 사실 썩 머리가 좋아야 할 수 있는 학문도 아닙니다. 앞서 말했듯 '은근과 끈기'만 있으면 웬만큼 할 수 있습니다. 하지만 참을성이 없으면 절대 못 합니다. 내가 연구하는 동물에게 "세 시간이나 기다렸는데 안 보여 줄 거야?" 따진다고 뭔가 새로운 것을 보여 줄 리 없기 때문입니다.

예전에 까치를 연구하겠다고 과학재단에서 연구비를 받았는데, 논문 기한을 못 맞췄다고 1년 만에 연구비를 반납한 적이 있습니다. 그렇다고 까치한테 가서 내 사정 좀 봐달라고 하소연할 수도 없는 노릇입니다. 남들은 실험만 잘되면 하루 저녁에도 논문 쓸 거리가 나온다는데, 동물행동학은 그게 안 됩니다. 요즘 말로 경쟁력이 너무 부족한 학문입니다. 심지어 같은 동료 교수들에게 "당신은 논문도 별로 안 쓰면서……" 하는 말을 들어야 하는 난처한 경우도 있습니다.

동물행동학 연구에 있어서 도대체 인간을 비롯해 동물들이 어떻게 해서 이런 행동을 하도록 진화했느냐 하는 것을 밝히는 것은 무척 어려운 작업입니다. 생물의 진화를 연구하는 데는 화석의 도움이 절대적입니다. 식물이나 동물의 구조를 연구하는 경우에는 화석을 통해 어떤 방식으로 지구상에 존재해 왔는지를 알 수 있지만, 행동에는 화석이 없습니다. 행동은 화석으로 남지 않으니까요. 하지만 간혹 화석을 통해 동물 행동을 확인할 수 있는 경우가 있긴 합니다.

영화 〈쥬라기공원〉에서 앨런 박사가 처음 공룡을 만나는 장면이 기억나요? 박사는 큰 공룡이 고개를 들고 나무를 뜯어 먹는 장면을 보고 어쩔 줄 몰라 합니다. 그리고 언덕에 앉아서 호숫가에 사는 공룡들을 내려다보며 이렇게 말합니다.

"정말 무리 지어서 다니네."

공룡이 무리 지어 다닐 것이라고 상상은 합니다. 하지만 그걸 찍은 비디오테이프가 남아 있는 것도 아니고, 무리 지어 다니는 행동이 화석으로 남아 있지도 않습니다. 다만 그럴 것이라고 짐작하게 하는 화석이 몇 개 발견되었을 뿐입니다. 우리나라 남쪽 해안에서 무리 지어 같은 방향으로 뛰어간 공룡 발자국 화석들이 많이 출토되고 있습니다.

또한 공룡은 새와 가장 가까운 동물입니다. 새는 모두 알을 품습니다. 그럼 공룡도 알을 품었을 텐데, 마찬가지로 확증이 없었습니다. 그런데 몇 년 전 고비 사막에서 공룡 화석 하나가 발견되었습니다. 알을 품고 있던 엄마 공룡이 그대로 흙을 뒤집어 쓴 채 죽어 화석이 되었고, 알을 품고 있는 형태 그대로 발견된 것입니다.

하지만 이런 화석은 거의 없습니다. 그래서 동물행동학은 진화를 연구하는 데 큰 어려움을 겪습니다. 현존하는 동물의 행동을 보면서, 그와 유전적으로나 진화적으로 아주 가까운 동물과 서로 비교하여 진화의 역사를 재구성해야 합니다. 그런 어려운 과제가 우리 동물행동학자들에게는 주어져 있습니다.

동물행동학의 역사

동물행동학이 학문으로 발달하게 된 것은 찰스 다윈부터입니다. 앞서 동물행동학이 가장 역사가 오래된 학문이라고 말씀드렸지요? 다윈 이전에도 동물의 행동을 관찰한 이들은 많이 있었지만, 동물의 행동을 분석할 수 있는 사고 체계를 수립한 사람이 바로 다윈입니다.

그렇지만 동물행동학이 자연과학의 한 분야로 자리 잡게 된 것은 1950년대에 들어서면서부터입니다. 그 당시 동물행동학의 역사를 일군, 동물행동학의 아버지라고 불리는 세 분을 차례로 소개해 드리겠습니다.

한 사람은 네덜란드 출신으로 영국의 옥스퍼드 대학에서 오랫동안 후학을 가르친 니코 틴버겐Niko Tinbergen, 1907~1988입니다. 갈매기류, 어류, 곤충 등을 주로 연구했습니다. 이분이 연구한 것 중 하나가 부성애가 지극해서 우리나라에서는 소설로까지 등장한 '가시고기'입니다.

틴버겐은 큰가시고기의 짝짓기 행동을 관찰하여 동물행동학의 기반을 마련하는 데 기여했습니다. 큰가시고기 수컷들은 겨울 동안에는 비교적 다정하게 함께 몰려다니다가 봄이 되면 가슴과 배가 붉은색으로 변하고 눈이 시퍼래지면서 서로 영역 다툼을 벌입니다. 각기 영역을 확보한 수컷들이 붉은 배를 흔들며 특유의 지그재그 춤을 추면 그동안 별 관심을 보이지 않던 암컷들이 짝짓기 행동을 시작합니다. 그는 이

손잡지 않고 살아남은 생명은 없다

모든 과정을 아주 자세히 연구했습니다.

나는 미국에 유학 가서 처음 택한 동물행동학 수업 첫 주에 이 가시고기 행동에 대해서 배웠습니다. '세상에 저런 물고기도 다 있구나' 싶었지요. 하지만 나는 이미 가시고기와 인연이 깊은 사람이었습니다.

세월이 한참 흘러 동물행동학으로 박사학위를 받고 미시간 대학의 교수로 있을 때, 강원대학교에서 박사학위를 받고 그곳으로 박사후과정을 밟으러 온 젊은 동물학자가 있었습니다. 그와 이런저런 이야기를 나누던 중, 나는 틴버겐의 큰가시고기 행동 연구에 대해서 들려주었습니다. 그런데 한참 내 이야기를 듣던 그가 이렇게 말하는 겁니다.

"한국 가시면 가시고기에 대해 연구하면 되겠네요. 우리나라에도 많아요."

한국에 있을 때는 동물행동학에 대해서 전혀 배운 바가 없었기 때문에 사실 나는 어려서 본 것 말고는 우리나라의 동물들에 관해 아는 것이 거의 없었습니다. 그래서 가시고기도 먼 나라의 신기한 동물인 줄만 알았던 것입니다.

그에게 그러면 가시고기는 주로 어디서 볼 수 있느냐고 물었습니다. 뜻밖에도 태백산맥 줄기에서 동해로 흐르는 물에는 대개 가시고기들이 산다며, 자신은 주로 강릉 비행장 옆 냇물에서 채집했다고 말하는 것이 아닙니까. 그곳은 바로 그 옛날 우리 할아버지 논 근처를 흐르는 개울이었습니다. 어렸을 때 거기 가서 소 묶어 놓고, 멱 감고 소쿠리로 물고기를 잡았습니다.

소쿠리로 수초 주변을 훑으면 한 움큼씩 올라오던 그 이름 모를 작은 물고기들 중에 가시고기가 있었다는 이야기입니다. 가시고기와 수없이 헤엄치고 놀았는데 그것이 나를 동물행동학으로 이끈 물고기인 줄은 미처 몰랐던 것입니다. 어찌 보면 내가 동물행동학자가 된 것은 운명인지도 모릅니다. 어쨌든 나에게 가시고기 이야기를 처음 해준 분이 바로 틴버겐입니다.

다음은 콘라드 로렌츠Konrad Z. Lorenz, 1903~1989라는 오스트리아 사람인데 독일에서 오래 연구를 했고, 유명한 막스 프랑크 연구소의 기초를 닦았습니다. 거위를 자기 자식처럼 길렀는데, 거위나 오리들은 오래 키우면 키워 준 사람을 어미로 생각하고 따라다닙니다. 이를 동물행동학에서는 '각인행동'이라고 부르는데, 이 각인행동을 처음으로 밝혀낸 학자입니다.

마지막 한 명은 내게 학문적으로 증조할아버지뻘이 되는 카알 폰 프리슈Karl von Frisch, 1886~1982입니다. 무슨 뜻이냐 하면 나의 지도교수님의 지도교수님의 지도교수님이었습니다. 오스트리아 출신으로 독일 뮌헨 대학에서 교편을 잡고 후진을 양성했습니다. 한 번도 뵌 적은 없습니다. 내가 미국에 공부하러 갔을 때 독일에 살고 계셨는데, 언젠가 한번 뵈어야지 했는데 그만 돌아가셨지요. 벌들이 다른 벌들에게 춤을 추면서 의사소통을 한다는 꿀벌의 춤 언어를 처음으로 발견해 낸 사람입니다.

과학계에서 관찰력에 관한 한 세계 제일의 대가라고 칭송받습니다. 벌통을 빼내면 그 안에 육가형 벌집들이 있는데 거기에 천 몇백 마리의 벌들이 우르르 붙어 있습니다. 그런데 그 벌통에서 윙윙거리는 벌들을 보고 누군가는 이야기를 하고 다른 벌들이 그 이야기를 알아듣는다는 것을 알아낸 것입니다. 우리 같은 보통 사람들은 그 벌집을 백 년을 들여다봐도 보이지 않을 것입니다.

이 세 명이 동물행동학의 원조 격인 '행태학Ethology'을 처음 시작한 사람입니다. 이들은 1973년 공동으로 노벨 생리의학상을 수상했습니다. 이 상은 대부분 분자생물학을 하는 사람들이 받는데, 행동학을 한 사람이 받은 것으로는 전무후무합니다.

프리슈의 실험
: 꿀벌은 색을 구별할 수 있나?

프리슈의 일화 한 편을 소개하면서 여러분에게 동물행동학이 어떤 학문인지를 소개하고자 합니다. 프리슈가 20대 청년이었을 때, 당시 독일에는 폰 헤스Carl von Hess라는 아주 유명한 시각생리학자가 있었습니다. 그런데 어느 날 '꿀벌은 색맹이다'라는 내용의 논문을 발표했습니다. 실험으로 입증된 결과였고, 폰 헤스는 독일 학계의 거물이라 그 주장을 그대로 수용하는 분위기였습니다.

그런데 대학원생이던 프리슈가 꿀벌이 색맹이면 왜 꽃들이 색을 띠겠는가 하면서 반박했습니다. 이 세상의 꽃들은 왜 그토록 아름다운 색을 띠는 것일까요? 사랑하는 여인에게 주라고 꽃들이 일부러 색을 만들었을 리는 없습니다.

사실 꽃은 식물의 성기입니다. 식물은 자기가 마음에 드는 암꽃이 저쪽에 있다고 해서 자신의 뿌리를 탁 뽑아 동물처럼 그쪽에 가서 추근거릴 수가 없습니다. 그래서 나비와 벌을 불러서 '나 대신 내 여인을 만나 주시오' 하는 것입니다. 그리고 그 대가로 맛있는 꿀을 곤충들에게 줍니다. 동물한테는 말도 안 되는 이야기지만, 움직일 수 없는 식물들은 사랑의 메신저가 될 곤충을 유인하기 위해 아름다운 꽃을 만들어 펼쳐 놓는 것입니다.

폰 헤스가 한 실험은 다음과 같습니다. 양쪽에 구멍을 뚫은 상자 안에 벌을 잡아서 집어넣습니다. 그러고는 한쪽 구멍에는 노란 불빛을 비추고, 다른 쪽 구멍에는 파란 불빛을 비춥니다. 그렇게 해서 어느 쪽으로 나오는지를 조사했는데 양쪽이 별 차이가 없었습니다. 그래서 이번에는 파란 불빛은 아주 강하게 비추고, 노란 불빛은 약하게 쪼였더니 모두 파란 불빛으로 나왔습니다. 반대로 했더니 이번에는 다 노란 불빛 쪽으로 나왔습니다. 그래서 폰 헤스는 색깔이 아니라 빛의 세기가 중요하다는 결론을 내린 것입니다.

사실 이 실험에는 문제가 하나 있었습니다. 가령 지금 여러분 중 두 사람을 뽑아서 빛이 거의 들지 않는 감옥에 가두면 어떤 기분이 들까요? 실험에 응할 기분이 들까요? 어떻게든 탈출해야지 하는 생각이 먼저 들겠지요. 그 상황에서는 외부 세계와 가장 가까운 곳, 즉 강한 빛이 들어오는 쪽으로 탈출할 수밖에 없습니다. 그러니 이 실험은 과정이 잘못되었다는 것이 폰 프리슈의 생각이었습니다.

그리고 이것이 바로 동물행동학입니다. 폰 헤스도 동물행동학을 공부했다고 하지만 저것은 동물의 행동이 아닙니다. '탈출 행동'이라고 부를 수는 있겠지만 진정한 의미의 자연스러운 동물 행동은 아닙니다. 틴버겐, 로렌츠, 폰 프리슈 같은 초창기 동물행동학자들은 '동물이 자기 환경에 있으면서 자연스러운 행동을 하는 것을 관찰하고 실험하는 학문'이라고 동물행동학을 규정했습니다.

만약 폰 헤스의 말대로 꿀벌이 색을 구별할 줄 모른다면 저 들판에 있는 여러 종류의 꽃들이 무슨 의미가 있겠습니까? 나팔꽃 여인을 찾아가라고 꿀을 줬는데, 그 꽃가루를 가지고 엉뚱하게 해바라기로 찾아가면 안 되겠지요.

식물은 곤충과의 관계에서 아주 오묘한 진화를 했습니다. 꿀도 한꺼번에 많이 주지 않습니다. 그러면 배부르다며 그 꿀을 저장하러 집으로 가버릴 테니까요. 다른 꽃에도 들러야 내 꽃가루를 옮겨 줄 테니까 꿀을 아주 감질나게 조금씩 줍니다. 그 정도 수준까지 서로 맞춰서 진화해 왔는데, 꿀벌이 색 구별을 못 한다는 것은 말이 안 되는 것이지요.

그래서 프리슈는 야외에서 실험을 했습니다. 그림처럼 널찍한 판 위에다가 바둑판 모양처럼 색종이를 밑에다 깔고 그 위에 접시를 올려놓습니다. 색종이의 색들은 모두 중립색이라 빛의 세기는 차이가 없습니다.

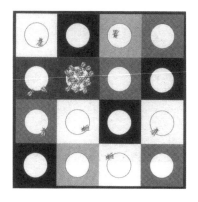

손잡지 않고 살아남은 생명은 없다

그리고 접시에 물을 다 담았는데, 파란색 종이 위에 있는 접시에만 설탕물을 담았습니다. 벌들은 당연히 파란색 종이 위에만 몰려왔고, 그 벌들의 등에 페인트칠을 했습니다. 그 후 이 벌들이 모두 날아간 다음에 색종이의 위치를 모두 뒤바꿨습니다.

그런데 위치를 뒤바꾸고 설탕물 없이 전부 물만 넣어 놔도 벌들은 여지없이 파란색 종이 위에 내려앉았습니다. 벌들이 설탕물을 먹으면서 파란색을 결합시켜 기억했다가, 다음에도 파란색 종이에 내려앉으면 설탕물이 있겠지 하고 생각한다는 것이지요.

폰 프리슈는 이 실험 결과로 논문을 발표했습니다. 그랬더니 학계에서는 이 건방진 젊은 학자를 직접 불러 폰 헤스가 참석한 자리에서 논문을 발표하게 했습니다. 프리슈는 학회가 열리는 지역에 3~4일 전에 미리 가서 야외에서 벌들을 훈련시켜 놓았지요. 벌들이 어떻게 하는지를 보여 주기로 결심한 것입니다.

그리고 학회가 개최되자 프리슈는 15분 정도 발표한 뒤 야외에서 시범을 보이기 위해 참석자들을 데리고 밖으로 나갔습니다. 그런데 마침 학회에서 나눠 준 이름표 색깔이 파란색이었습니다. 문을 나서는 순간 그곳의 벌들이 이름표에 들러붙기 시작했습니다. 그 장면을 본 폰 헤스는 "실험은 안 봐도 되겠네. 자네가 옳은 것 같네" 했다고 합니다.

이렇듯 동물행동학에서는 실험을 잘하는 것이 중요합니다. 그 동물이 하고 싶은 행동을 자연 그대로 할 수 있는 상황에서 어떻게 행동하느냐를 체계적으로 연구하면서, 그 동물의 행동과 심리를 밝혀야 하는 것입니다. 결코 쉬운 일은 아니지만, 돈이 아주 많이 드는 학문은 아닙니다. 튼튼한 다리와 깊이 생각하는 능력, 그리고 기발한 아이디어만 있으면 할 수 있습니다.

손잡지 않고 살아남은 생명은 없다

틴버겐의 실험
: 타고나는가, 학습되는 것인가

한편 틴버겐의 연구실에서는 정형화된 행동에 관한 실험을 했습니다. 어미 갈매기의 부리를 보면 아랫부리의 끝부분에 피멍이 든 것처럼 붉은 점이 있습니다. 그런데 알 깨고 갓 태어난 새끼 갈매기는 학교에서 배운 것도 아니고, 어미가 가르쳐 준 것도 아닌데, 태어나 눈을 뜨면 그냥 벌떡 일어나서 '쭉쭉쭉' 다가와서 빨간 점을 두들깁니다. 그러면 그것이 신호가 되어 어미 갈매기는 부리에 담아 온 물고기를 게워서 새끼에게 먹입니다. 꼭 새끼가 그러지 않더라도 누가 가서 연필로 두들기면 생선을 줄 것입니다.

이는 이미 새끼 갈매기의 유전자에 붉은 반점의 자극이 입력되어 그것만 보면 가서 두들기는 행동을 하게끔 되어 있고, 어미는 어미대로 자기 부리를 두들기기만 하면 생선을 뱉어 내게 되어 있다는 것입니다.

틴버겐은 이 정형화된 행동을 증명하기 위해 마분지 위에 어미 갈매기의 부리 모양을 그대로 그린 후 그 위에 점을 찍어서 들이밀었습니다. 아나나 다를까 새끼들은 벌떡 일어나서 그 점 위를 막 쳐댔습니다. 이번에는 실험을 확대해 봤습니다. 부리를 약간 타원형의 달걀 형태로 그린 엄마, 화난 표정의 엄마, 검은색의 엄마 등 다양한 엄마 갈매기의 그림을 그려 놓았습니다. 물론 점의 위치도 각각으로 해놓고요.

실험 결과, 달걀 모양의 부리를 가진 엄마나 점이 없는 부리를 가진 엄마, 그리고 점이 부리 끝이 아니라 눈 쪽에 가 있는 엄마한테는 새끼들이 별로 달려들지 않았습니다. 하지만 화난 표정의 엄마든 검은색의 엄마든 긴 부리 끝에 점만 있으면 새끼들은 모두 가서 쪼아 댔습니다.

새끼의 눈에는 어미 전체가 아니라, 길쭉한 형태의 끝에 점이 있는 것만 보이는 것입니다. 그리고 이는 이미 유전자에 프로그램 되어 있는 것입니다. 실제로 긴 연필 같은 기다란 막대에다가 끝이 툭툭 끊긴 것처럼 표시를 해 놓고 새끼들한테 갖다 대면 모든 새끼들이 벌떡 일어나서 다 쪼아 댑니다. 어미 부리처럼 생기지도 않았는데 말이지요.

어떤 규칙이 존재하는 것입니다. 조합이 맞으면, 그러니까 긴 물체 끝에 그 부분이 끊긴 것 같은 표시만 있으면 그것이 새끼의 뇌에 자극을 줍니다. 이미 타고난, 몸에 만들어져 있는 행동이 일어나서 하는 것입니다. 이러한 현상을 영어로는 FAP^{Fixed Action Pattern}, 정형화된 행동 패턴이라고 부릅니다. 이는 내가 하는 줄도 모르고 하는 행동입니다.

유럽에서는 이처럼 동물의 행동을 연구하는 학문이 행태학으로 발달한 반면, 대서양 건너 미국에서는 전혀 다른 형태의 동물행동학이 발달합니다. 이것이 바로 '비교심리학'입니다. 하버드 대학교에 오랫동안 몸담았던 그 유명한 스키너^{Burrhus Frederic Skinner, 1904~1990} 박사가 대표적입니다. 이른바 스키너 상자를 만들어 동물 실험을 한 사람으로 잘 알려져 있습니다.

손잡지 않고 살아남은 생명은 없다

스키너 상자는 동물원 우리처럼 육면체로 생겼는데, 이 안에 실험 동물을 넣은 뒤 행동을 관찰합니다. 예를 들면 쥐를 스키너 상자 안에 넣고 음식을 주지 않습니다. 배가 고파진 쥐는 음식을 찾으러 상자 안을 막 돌아다니다 어느 순간 우연히 손잡이를 툭 눌렀고, 그러자 음식물 한 조각이 데구루루 굴러 내려왔습니다.

머리가 정말 좋은 쥐라면 단번에 이 두 사건, 손잡이를 누른 사건과 음식이 나온 사건을 연결시키겠지만 대부분의 쥐는 그렇게 머리가 좋지 못합니다. 하지만 몇 번 반복해서 경험하다 보면 어느 날 '이거 봐라, 저걸 누르기만 하면 뭐가 나오네' 하고 깨닫게 됩니다. 그 순간부터 쥐는 계속 눌러 댑니다. 이 실험을 가지고 스키너 박사는 '모든 행동은 학습하는 것이다'라고 주장했습니다.

그러니까 유럽과 미국의 학계에서 전혀 다른 주장을 한 것입니다. 유럽에서는 '동물의 행동은 유전자 수준에서 프로그램 되어 있다'고 했고, 미국에서는 '동물의 행동은 학습과 같은 환경 요인에 의해 결정된다'고 주장했지요. 지금은 대체로 정리가 된 논쟁이지만 한때 두 주장 사이에 거대한 논쟁이 벌어졌습니다.

그러다가 1973년 로렌츠, 틴버겐, 폰 프리슈가 노벨상을 수상했고, 1975년에는 하버드 대학의 에드워드 윌슨 교수가 이 모두를 진화생물학의 이론 체계 아래 묶어서 집대성한 책을 내면서 '사회생물학'이라는 학문이 등장하게 되었습니다.

결국 누가 이겼을까요? 구태여 판정을 내린다면 유럽파의 손을 들어 줍니다. 유전자에 그려져 있지 않은 행동이 나타날 수는 없기 때문입니다. 유전자에 들어 있는 행동 범주 내에서 학습이나 경험을 통해 행동이 다듬어지는 것입니다.

손잡지 않고 살아남은 생명은 없다

로렌츠의 실험
; 학습하는 행동

로렌츠의 연구실에서는 두꺼운 종이로 한쪽은 길고 다른 쪽은 짧은 모형을 만들어 아주 단순한 실험을 했습니다. 실험실에 갓 태어난 병아리들을 데려다 놓고 이 십자형 모형을 좌우 다른 방향으로 날린 뒤, 어떤 반응을 보이는지 실험했습니다.

짧은 쪽을 앞으로 해서 날리면 목이 짧은 새, 매나 솔개가 나는 것처럼 보이고, 반대로 긴 쪽이 앞이 되게 해서 날리면 기러기, 가창오리처럼 목이 긴 새가 나는 것처럼 보일 것입니다.

목이 긴 새가 나는 것처럼 보이는 방향으로 날리면 병아리들은 힐끔 볼 뿐 별 반응을 보이지 않은 반면, 목이 짧은 새가 나는 것처럼 보이는 방향으로 날리면 죄다 숨을 곳을 찾았습니다. 그러니까 병아리들은 태어날 때부터 이미 위험한 상황에 대처하는 행동을 하도록 타고났다는 것입니다.

그런데 얼마 후에 로렌츠의 제자가 이 과정을 보다 면밀히 관찰해본 결과, 그렇게 간단한 행동이 아니라는 사실이 밝혀졌습니다. 갓 태어나 아무런 경험이 없는 어린 새끼들은 어떤 자극이든 일단 숨는 반응을 보인다는 것입니다.

처음에는 낙엽만 떨어져도 우선 몸을 숨기고 봅니다. 그런데 허구한 날 낙엽이 떨어져도 나한테 아무 피해가 없으니까, 그다음부터는 반응을 안 합니다. 매일 오리가 날아다녀도 나를 공격한 적이 없으니까 반응을 안 한다는 것이지요. 그런데 솔개나 매는 매일 나타나지는 않습니다. 가끔 나타나니까 반응하는 것입니다.

이것이 바로 학습의 과정입니다. 유전자 내에 '숨는 행동'이 프로그램 되어 있지만, 어떤 것이 나타났을 때 숨어야 하느냐 하는 것은 태어난 후 배워 간다는 것입니다.

간혹 학교 선생님들이 교육용으로 개구리를 교실에서 기르는데 통 먹지 않는다고 걱정하는 것을 볼 때가 있습니다. 참치 통조림 같은 걸 주는데 영 안 먹는다는 것입니다. 개구리는 움직이지 않는 것은 절대 먹지 않습니다. 살아서 움직이는 것만 먹습니다. 갓 태어난 개구리도 주변에서 뭔가 움직이면 혀가 따라 나옵니다. 개구리는 눈앞의 벽면에 레이저포인터를 이리저리 쏘아도 따라서 움직입니다.

그런데 이런 실험을 한 사람이 있습니다. 잠자리 한 마리를 실에 묶어서 갓 태어난 두꺼비 앞에 날려 보내면 '아 맛있게 생겼다' 하고 잡아먹습니다. 그다음에 잠자리 대신 호박벌을 실에다 묶어 가지고 날리면, 그것도 또 맛있게 날름 잡아먹습니다.

그다음이 문제입니다. 잠자리와 호박벌은 차이가 있습니다. 호박벌한테는 침이 있습니다. 졸지에 호박벌한테 입천장을 쏘인 두꺼비는 '으악' 하며 공중으로 펄쩍 뛰어오릅니다.

이렇게 한번 호박벌에 쏘인 두꺼비는 평생 호박벌 근처에도 가지 않습니다. 호박벌처럼 노랗고 까만 줄무늬만 있어도 건드리지 않습니다. 단 한 번의 경험으로 평생 사는 방법을 터득하는 것입니다. '움직이는 것'을 먹는다는 건 유전자 속에 프로그램 되어 태어납니다. 그러나 무엇을 먹고 먹을 수 없는지는 이런 식으로 익히며 세상을 살아갑니다.

바다 달팽이 중에 '군소 sea hare'라는 동물이 있습니다. 이 달팽이는 입수공으로 물을 빨아들였다가 그 물이 빠져나갈 때 아가미를 통해 호흡합니다. 물을 빨아들이기 위해서는 입수공을 몸 밖으로 내놓아야 하는데, 실험실에서 키우면서 입수공을 작은 막대기로 자꾸 건드려 보았습니다. 처음에는 건드릴 때마다 몸을 싹 오므립니다. 그런데 자꾸 반복하면 나중에는 반응하지 않습니다. 타성이 붙은 것입니다. 이런 과정을 '습관화 habituation'라고 합니다.

그런데 원래대로 오므리도록 되돌리는 방법이 있습니다. 반응이 줄어든 상태에서 어느 순간 쓱 건드리면서 살짝 전기 자극을 주는 것입니다. 그다음부터는 건드리면 또 오므립니다. 타성이 붙으면 고치기가 힘든데 그럴 때 아주 강력한 자극을 받거나 강력한 경험을 하면 습관이 고쳐집니다. 이것을 '폐습화 dishabituation'라고 합니다. 동물들은 이러한 과정을 거치면서 배웁니다.

강아지나 고양이 새끼를 여러 마리 함께 길러 보면, 허구한 날 장난을 칩니다. 서로 막 엉켜서 치고받고 물고 뜯고 합니다. 하지만 실제로 물어뜯어서 피가 나는 경우는 거의 없습니다. 그것 역시 타고난 것입니다. 나중에 먹이를 잡아먹거나 사회에서 경쟁하는 법을 익히기 위해 뒤엉켜 놀면서 훈련하고 연마하는 것입니다. 유전적으로 프로그램 된 부분이 있고, 연습해서 학습하는 부분이 있는 것이지요.

이제는 유전과 환경을 이분법적으로 나누는 것이 아니라, 일단 유전자가 기본이며 그것이 환경의 영향을 받아 다른 유형의 행동으로 변화된 것이라고 봅니다. 우리에게 주어진 유전적인 성향은 성향대로 있는 것이고, 그 성향을 환경이 어떻게 조절하면서 만들어 주느냐 하는 것이 바로 궁극적으로는 우리가 어떤 행동을 나타내는지 보여 준다는 것입니다.

이후 1970년대 후반과 1980년대에 들어서면서 본격적으로 찰스 다윈이 이야기했던 자연선택론의 메커니즘에 대한 연구가 진행되고, 그 이론에 입각해서 야외든 실험실 내에서든 동물의 행동을 재분석하는 작업이 일어났습니다. 이 분야를 행동생태학이라고 부릅니다.

행동생태학이 기존의 학문과 다른 점은 동물이 사는 서식지와 환경 그대로에서 그들을 관찰하고 실험하고자 하는 행태학의 전통은 따르되 필요하면 분자생물학이나 물리화학 또는 수학적인 모델링을 통해서 행동의 진화를 재구성한다는 것입니다.

자연선택론으로 재무장한 학자들이 야외든 실험실이든 뛰어들어 동물행동학을 다시 한 번 뒤바꿔 보고자 시도를 했지요. 그 결과

손잡지 않고 살아남은 생명은 없다

1980년대와 1990년대를 거치며 동물행동학 분야는 엄청난 발전을 이루게 됩니다.

4장.

그래도
꿈이 무엇인지
잘 모르겠다면

지금은 우리 과학계를 대표하는 사람 중에 한 사람인 것처럼 서 있지만, 예전의 나를 돌이켜보면 이런 나 자신이 참 신기하기만 합니다. 왜냐하면 나 스스로 과학자가 되리라고는 한 번도 상상해 보지 못했기 때문입니다. 인생이란 정말 어떻게 될지 아무도 알 수 없습니다.

내 강의를 들으러 오는 청소년들 중에는 과학자가 되고 싶어 하는 친구들이 상당히 많은 편입니다. 하지만 개중에는 과학을 공부하고 싶은데, 수학도 잘 못하고 과학 쪽 머리는 영 없는 것 같아서 고민인 친구들이 있습니다.

혹은 그런 걸 다 떠나서 그저 학교 생활과 공부, 그리고 진로 등 여러 가지 문제에서 아직도 뭔가 손에 잘 잡히지 않아 불안해하는 친구도 종종 만나게 됩니다.

사실 나는 누구보다 방황을 많이 한 사람입니다. 그런 친구들에게 나의 방황기가 조금 힘이 되지 않을까 해서 나의 학창 시절 이야기를 해볼까 합니다.

돌고 돌아
꿈꾸던 길을
찾다

여전히 촌놈이기를 고집하던 서울 소년

얼굴을 가리고 발만 보이는 저 아기가 내 바로 밑에 있는 동생입니다. 그리고 그 옆에 발을 가운데로 몰고 서 있는 꼬마가 바로 나입니다. 사실 나는 요즘도 버스나 전철을 기다릴 때 늘 저렇게 발을 모으고 서 있습니다. 한동안 내가 왜 자꾸 이럴까 고민했는데, 뒤늦게 이 사진을 보고서 '아 태어날 때부터 이렇게 태어났구나' 싶어 안심했지요. 그렇다고 안짱다리도 아닌데, 저러고 서 있기를 좋아합니다.

사진 속 배경이 된 곳은 강원도 강릉입니다. 앞서 소개했듯 나는 대관령 저편 아름다운 고도古都 강릉에서 태어났습니다. 당시에는 전기도

손잡지 않고 살아남은 생명은 없다

들어오지 않았습니다. 이런 이야기를 하면 요즘 학생들은 호랑이 담배 피우던 시절 이야기라고 여기겠지만, 그때만 해도 강릉은 골짜기마다 집이 한 채씩밖에 없었습니다. 그래서 한 집에 전기를 끌어오려면 전봇대가 몇 개나 필요했지요. 그래서 아주 외진 데가 아니어도 전기가 들어오는 게 상당히 늦었습니다.

초등학교 3학년 때가 되어서야 처음 전기가 들어왔습니다. 그때도 어떤 분이 국회의원이 되기 위해서 사재를 쏟아부은 덕분에 가능했던 일이었지요. 처음 전깃불이 들어오던 날, 다들 놀라고 좋아서 밤새 불을 켜놓고 있었던 기억이 새롭습니다.

우리 아버지는 군인이었습니다. 어려서부터 전국 이곳저곳을 돌아다니면서 살았습니다. 학교도 참 여러 군데 다녔지요. 취학 연령이 되면서 서울에 정착했고, 학교는 줄곧 서울에서 다녔습니다. 때마침 아버지가 서울로 발령을 받기도 했지만, 그 뒤로는 서울 한 군데 거처를 두고 어머니만 아버지를 따라서 전방과 후방을 오가셨지요. 그러니까 우리 아버지는 시대를 앞서 간 기러기 아빠였던 셈입니다.

지금 생각하면 왜 그랬는지 모르겠지만, 입시 준비에 바쁘던 고등학교 3학년 시절을 빼고 방학이라는 방학은 깡그리 모두 강릉 시골집에서 보냈습니다. 청량리에서 출발하는 강릉행 기차를 타면, 경상북도로 내려갔다가 도개 쪽으로 다시 올라오고 뱅글뱅글 돌아서 강릉까지 갔습니다. 어쩌다 연착이라도 되면 그날은 하루가 다 갔습니다. 어느 해 여름에는 강릉까지 열아홉 시간이 걸렸던 적도 있습니다.

그토록 가는 길이 고생스러워도 나는 방학한 다음 날 새벽 기차를 타고 강릉에 갔다가 개학하기 바로 전날 밤에 서울로 돌아왔습니다. 서울에 오면 그동안 하지 못한 방학 숙제를 그날 밤에 모두 끝내야 했지요. 다른 숙제는 웬만큼 해결이 되었는데, 가장 힘든 것이 일기 쓰기였습니다. 방학 전체의 일기를 하루 동안 다 써야 하니까요.

우리 아버지는 요즘도 농담 반 진담 반 이야기하십니다. 지금 내가 이렇게 글을 쓰는 게 하룻밤에 일기를 다 쓰던 솜씨하고, 또 하나는 반성문 썼던 경험 덕분이라고요.

나는 어릴 적에 반성문을 굉장히 많이 썼습니다. 아들 4형제 중에

　　　　　손잡지 않고 살아남은 생명은 없다

맏이였는데, 동생들이 잘못한 일도 내가 대표로 혼나고 반성문을 써야 했습니다. 모르긴 몰라도 중학교 때까지 반성문만 100여 편 쓴 것 같습니다. 아버지는 반성문 쓰기 시킨 게 일세 모르게 글쓰기 연습이 된 것 같다며 자화자찬을 하시더군요. 나는 동의할 수 없지만, 그 영향이 있는지도 모르겠습니다.

도대체 무엇이 나를 끊임없이 그곳으로 이끌었을까요? 1년의 얼마만이라도 나는 내가 태어난 바로 그 집, 그 방, 그 자리에 누워 뒤뜰 대나무 밭의 서걱대는 바람 소리를 들어야만 했습니다. 여름 방학과 겨울 방학을 합하면 1년에 적어도 3개월, 그러니까 그때까지 적어도 내 인생의 4분의 1을 강릉에서 보낸 셈입니다. 왜 그렇게 고생고생하며 방학 때마다 기어코 대관령을 넘었는지 이해할 수는 없지만, 동물행동학을 전공하게 된 지금 와서 돌이켜 생각해 보면 곤충이며 물고기를 쫓아다니는 게 즐거워서였던 것 같습니다.

서울에서도 나는 끊임없이 자연을 찾아다녔습니다. 영등포 우신초등학교에 다니던 시절 당시 둘도 없는 단짝 윤승진 변호사와 나는 사흘이 멀다 하고 샛강에 나가 놀았습니다. 강물이 낮아질 때를 틈타 여의도로 건너가 물고기도 잡고 방아깨비도 쫓아다녔습니다.

배가 고프면 땅콩 밭에 쪼그리고 앉아 굽지도 않은 생땅콩을 까먹었습니다. 지금은 노들길에 파묻혀 흔적도 찾기 어렵지만, 당시에는 대방동 강변에 여의도가 건너다보이는 작은 목장이 하나 있었습니다. 그

목장 잔디밭에 앉아 강을 내려다보며, 그 친구는 노래를 하고 나는 시를 썼습니다. 초등학교 3학년 때 청주에서 전학 온 그 충청도 촌놈과 나는 서울 시내에 살면서도 여전히 촌놈이기를 고집하던 허클베리 핀과 톰 소여였습니다.

손잡지 않고 살아남은 생명은 없다

고뇌하는 소년 시인

중학교 2학년 때 찍은 사진입니다. 당시 우리 집은 남산 밑 해방촌이라는 동네에 있었지요. 실은 저 사진은 무언가 깊은 생각에 잠겨 있는 것 같은 표정을 일부러 지은 뒤 동생에게 카메라를 주고 찍으라고 한 것입니다.

중학교 3학년 때 친구 일곱 명이 한 달에 한 번 만나는 모임이 있습니다. 저녁을 같이 먹으며 옛날이야기, 사는 이야기를 하며 우정을 나누는데 그 친구들이 몇 년 전인가 나한테 이런 말을 하더군요.

"너는 그 옛날부터 저 사진 속의 표정처럼 뭔가 늘 무거운 짐을 지고 가는 놈처럼 보였어."

사실 그날 나는 굉장히 충격을 받았습니다. 스스로 참 많이 까불고 명랑한 놈이었다고 자부했거든요. 지금도 실은 나이가 조금 너무 많은 감이 있지만 성대모사 쪽으로 좀 더 노력해서 개그맨에 한번 도전해 볼까 하는 꿈을 못 버리고 있을 정도니까요. 중·고등학교 때부터 선생님들 흉내를 아주 잘 내서, 선생님이 들어오시는 줄도 모르고 흉내 내다가 혼난 적도 몇 번 있습니다.

하지만 친구들은 나를 겉으로는 굉장히 명랑하지만 속으로는 뭔가를 깊게 생각하고 고뇌한다고 생각했던 것입니다. 그 시절 무슨 거창한 고민이 있어 그랬는지는 잘 모르겠습니다. 다만 중학교 2학년 때부터, 아니 사실은 초등학교 시절부터 시를 써보겠답시고 동시도 쓰고 혼자서 생각에 잠기기도 했지요.

중학교 2학년 때 예년에 비해 별나게 떠들썩하게 열린 백일장에서 시 부문 장원을 거머쥐는 바람에 공공연히 문학 소년의 길을 걷게 된 다음부터 나의 번민은 날로 깊어 갔습니다.

어느 날 운동장에서 친구들과 농구를 하고 있는데, 한 떼의 학생들이 쫙 줄을 서서 어딘가로 가고 있었습니다. 궁금한 마음에 "어디 가?" 했더니 경복궁에 백일장 하러 간다고 했습니다. "그런 게 있었어? 나도 가도 돼?" 하고 물었고, 아무나 가도 된다는 말에 그 길로 무작정 따라 나섰습니다. 그때 경복궁 입장료가 5원인가 했는데, 입장료가 없어 걱정하던 차에 다행히 옆에 있던 국어 선생님이 입장료를 대신 내주었지요. 경회루 앞에 앉아 그냥 생각나는 대로 써 내려갔는데, 운 좋게도 그날 내가 쓴 시가 장원을 한 것입니다. 그 바람에 나는 그날로 문예반원으로 전격 발탁되었습니다.

보통 학교 백일장은 문예반원들이 상을 휩쓰는데, 마침 그 백일장은 개교 몇십 주년 기념행사라 학교의 선배 시인인 장만영 시인이 직접 와서 심사를 했고, 그 덕에 알려지지 않은 신인이 발탁된 것입니다. 게다가 다른 때 같았으면 학기 말 교지에 실리는 정도였을 텐데, 학교 강당에서 교장 선생님이 금메달을 달아 주는 바람에 내 존재가 전교생들에게 다 알려지게 되었지요.

그 후로 국어 시간마다 선생님들은 꼭 "어이~ 우리 시인 이야기 좀 해봐", "시인 생각은 어떠신가?" 하며 나를 지목했고, 그래서 당시 친구들은 모두 내가 시인이 될 줄 알았다고 합니다.

소 뒷걸음질 치다 붙잡은 생물학

아직 장래에 대한 계획이 정리되지 않은 채 고등학생이 된 나를 학교에서는 이과로 몰아넣었습니다. 요즘도 농담 삼아 하는 이야기 중 하나가 "내가 그 옛날부터 구조 조정의 피해자였다"는 것입니다.

내가 다니던 고등학교는 속칭 일류 고등학교라고 불리는 학교들 중 하나였는데, 이과에 비해서 문과가 좀 약한 학교였습니다. 지금은 이과보다 문과를 선택하는 학생이 더 많지만, 당시만 해도 무조건 이과에 가야 되는 시절이었습니다. 법대를 가기 위해서 문과를 택하는 학생들이 더러 있기도 했지요.

한 학년 열두 개 반 중에 문과가 네 반, 이과가 여덟 반인데, 내가 입학하던 해 마침 새로 부임한 교장 선생님이 문과를 줄이자고 해 그나마 있던 문과 반도 세 개로 줄어들었습니다. 이과 반을 늘리는 과정에서, 학교에선 학생들을 대상으로 적성검사를 실시해 그 결과에 따라 학생들을 마음대로 배치했습니다.

당시 나는 무척 오만했습니다. 문과 0순위라고 자부했기 때문에, 적성검사를 해도 보나마나 문과로 나올 거라고 생각했습니다. 그래서 원하는 과를 쓸 때 일부러 이과라고 썼습니다. 그래도 어쩔 수 없이 학교에서는 나를 문과로 보낼 테니까요. 물론 그러한 갑작스러운 구조 조정은 전혀 예상하지 못했습니다.

학교에선 이과 반 학생을 늘려야 하는 판에, 이과라고 자원한 나를 문과로 보낼 이유가 없었겠지요. 1학년 반 배치를 받았는데, 정말 이과 반으로 편성이 되었습니다. 나는 당장에 교장 선생님을 찾아갔습니다. 누가 봐도 문과 0순위인 나를 이과로 편성하는 것은 불합리하다고 항의했지만, 교장 선생님은 가소롭다는 듯 쳐다보시더니 "일단 공부해 봐라" 하고 일언지하에 내 뜻을 무시했습니다.

어쩔 수 없이 이과에서 공부하긴 했지만, 나는 고등학교 3학년 마지막 원서 쓰는 순간까지도 대학은 문과 쪽으로 지원하려고 마음먹고 있었습니다. 교장 선생님을 찾아가 떼를 쓰고 투쟁을 했고, 교장 선생님은 어떻게든 인 써주려고 버티셨습니다.

당시 아버지는 군 전역 후 포항제철에서 인사 담당자로 근무 중이었습니다. 신입사원의 부서 배치 업무를 맡고 계셨는데, 같이 일하던 적성검사 전문가와 점심을 먹으며 지나가는 말로 "아들놈이 있는데 시도 좀 쓰고 뭣도 좀 하고 그래서 법대를 보내려고 하는데, 학교에서 원서를 잘 안 써주네" 하면서 말을 꺼냈답니다. 그랬더니 "어~ 뭐 의사 하려고 태어난 친구네요" 했다는 겁니다.

그날 저녁 아버지는 명령 반 권유 반으로 의예과에 가라고 하셨고, 나는 그다음 날로 지망학과를 의예과로 고쳐서 원서를 제출했습니다. 그 사실을 알고 교장 선생님은 그렇게 좋아하실 수가 없었습니다. "아~ 참 잘 생각했다. 너는 슈바이처가 될 거다." 이렇게 말씀하실 정도였지요. 그렇게 나는 하루아침에 의사가 될 운명이 되었습니다.

바로 아래 동생이 심장판막증을 앓았습니다. 예전에는 명동성당 옆에 성모병원이 있었는데, 동생이 거기에 몇 년을 입원해 있었지요. 중·고등학생 시절 학교가 파하면 바로 병원으로 갔습니다. 내가 교대를 해야 어머니가 집에 가서 동생 둘을 돌보고 아버지 밥을 차려 드릴 수 있었으니까요.

그때 나는 몇 번이나 의사 선생님들에게 대들었습니다. 동생이 아프다는데도 막 뒤져 보고 이리 눌러 보고, 저리 돌려 보는 게 싫었습니다. 제일 높은 의사 선생님이 동생 몸을 이리저리 누르면서 설명을 하면, 인턴이나 레지던트들은 아무도 우는 동생을 달랠 엄두를 내지 못하고 듣고만 있었습니다.

지금이야 그럴 수밖에 없는 상황을 이해하지만, 어린 마음에 '환자에 관심도 없는 그저 죽일 놈들'이라고 생각했지요. 그런데 내가 그런 사람이 되어야 한다니, 생각만 해도 끔찍했습니다. 그런데 그야말로 '하느님이 보우하사' 의예과에 떨어졌습니다.

당시도 의예과는 인기 있는 학과였지만, 지금처럼 완전 최고는 아니었습니다. 그해 우리 학교에서 아홉 명이 의과대학 시험을 보았고, 그중에 내가 성적이 제일 좋은 편이었는데 나만 떨어진 것입니다. 아버지는 "얘가 뭐가 좀 이상한 모양이다"며 떨어질 리가 없는데 떨어졌다고 나를 정신과에까지 끌고 가실 정도였습니다. 그 이유를 나는 알고

손잡지 않고 살아남은 생명은 없다

있었지만 고백할 수는 없었습니다. 결국 아버지는 나를 강릉으로 유배시켰습니다.

사실 나는 대학에 떨어진 것은 아무렇지도 않았고, 시골에서 정말 신 나게 놀았습니다. 아버지가 가끔 편지를 보내 "이제는 정신이 제대로 돌아왔느냐?" 물으면, 더 있고 싶어서 "아직도 제대로 안 돌아왔습니다" 이렇게 답장을 보냈습니다. 머리가 큰 이후로 1월부터 5월까지 네댓 달을 자연에서 지내본 적이 없었으니, 정말 행복한 시간이었지요.

나름대로 실험까지 하며 지냈습니다. 쇠똥구리를 가지고 하는 몇 주에 걸친 실험이었는데, 그걸 멈추기가 싫어서 아버지한테는 "아직도 아침에 일어나면 머리가 띵하다"고 말씀드렸습니다. 결국 아버지는 내가 서울로 돌아가지 않으려고 하는 것을 눈치 채고, 5월 중순 나를 끌고 올라가 재수학원에 등록시켰습니다.

그때는 정말 공부하기가 싫었습니다. 지독한 염세주의에 빠져 쇼펜하우어만 죽자고 읽었지요. 하라는 공부는 안 하고 온갖 인생 고민은 다 짊어진 표정으로 다방 구석을 지키고 앉아 있었습니다. 하도 팝송을 많이 들어서 디스크자키 형과 전주를 듣고 제목 맞추는 내기를 해도 이길 정도였습니다. 어느 날은 눈병에 걸린 디스크자키 형을 대신해 디스크자키를 한 적도 있지요.

그럼에도 불구하고 마지막 배치고사 성적이 너무 잘 나오는 바람에 다시 의예과로 원서를 넣게 되었고, 또 떨어졌습니다. 아버지가 "너는 삼수해 봐야 싹수가 노랗다"고 하셔서 2지망으로 지원한 생물학과에 들어가게 되었습니다. 실은 그 생물학과도 내가 지망한 것이 아닙니다. 담임 선생님이 나와 상의도 없이 의예과와 가장 가까운 학과가 동물을 연구하는 데니까 생물학과를 써준 것입니다. 그렇게 어정쩡한 대학 생활이 시작되었습니다.

손잡지 않고 살아남은 생명은 없다

"어떻게 하면 당신처럼 살 수 있습니까?"

대학 시절의 일입니다. 얼떨결에 붙어서 그냥 다니게 된 대학이라 생물학과가 뭘 공부하는 곳인지도 모르고 건성으로 다니고 있었지요. 실험실에 배정되어 시험관 닦고 청소하고 그러던 어느 날, 갑자기 거구의 백발 미국인이 실험실 문을 벌컥 열고 들어왔습니다. 당시에는 서울대에도 외국인이 나타나는 게 굉장히 드문 일이었습니다.

"자에 춘 초에가 누구냐?"

'자에 춘 초에?' 실험실에는 서너 명의 친구들이 있었는데, 영어를 잘 못하니까 다 멍하니 보고만 있었습니다. 문가에서 청소를 하고 있는 내게 그 사람은 들고 온 편지를 내보였습니다. 거기 적힌 이름이 바로 내 이름이었어요. 'JAE CHUN CHOE'라고 영어로 쓴 내 이름을 그분이 '자에 춘 초에' 하고 읽은 거지요.

영어로는 대답을 못 하니까 손을 들었더니 그분이 "너냐?" 하면서 편지를 건네주었습니다. 전에 풀브라이트 교환교수로 우리 과에서 강의를 하고 돌아간 펜실베이니아 주립대학 김계중 교수님의 편지였습니다. 날더러 그분의 조수가 되어 달라는 내용이었지요.

그 미국인은 바로 조지 에드먼즈George Edmunds 교수로 하루살이에 대해서는 세계 제일의 권위자였습니다. 하루살이는 유충 상태로 개울이나 호수에서 살다가 성충이 된 다음에는 그저 하루 남짓 살면서 짝짓기를 하고 알을 낳고는 죽어 버리는 대표적인 수서 곤충입니다.

우리말로 하루살이 하면 상당히 '하찮다'는 느낌을 받게 되는데, 처음 그분을 만났을 때 나는 참 하찮은 것을 공부하는 분이라고 생각했습니다. 어쨌든 그다음 날부터 나는 수업을 빼먹고 그분의 조수가 되어 전국을 누비게 되었습니다.

그런데 그분이 돌아다니면서 기껏 한 게 뭐였는지 압니까? 렌터카라는 게 있는지도 모르던 시절에 그분은 호텔에서 자동차 한 대를 빌리더니 나는 조수석에, 사모님은 뒷자리에 태웠습니다. 교수님은 운전을 하고 나는 지도를 보며 전국의 좋은 개울물을 찾아다녔습니다.

사실 지도는 거의 무용지물이었습니다. 차를 몰고 가다가 그럴 듯한 개울만 발견하면 처박을 듯 차를 세우고 신발도 벗지 않은 채 첨벙첨벙 물로 들어갔습니다. 나는 동방예의지국의 젊은이인지라 차마 그럴 수 없어 양말을 벗고 뒤늦게 따라 들어가면 교수님은 벌써 차에 올랐습니다. 그래서 나도 할 수 없이 신발을 신고 물에 뛰어들기 시작했습니다.

우리가 오래 머무는 듯하면 사모님은 개울가에 미리 가져온 접이식 의자를 펴고 책을 읽었습니다. 우리는 그렇게 거의 일주일 동안 전국의 개울을 누비고 다녔습니다. 정말 너무 신기했습니다. 속으로 '노인네 할 짓도 어지간히 없나 보다. 한국까지 와서 기껏 하는 일이 개울물에서 첨벙거리는 거라니…… 저렇게 철없는 노인네가 다 있나' 했습니다.

생물학과에 다니는 학생이면서도 그게 바로 생물학인 줄을 모르고 따라다닌 것입니다. 그도 그럴 것이 우리 과 교수님들이 흰 가운 입고 실험실에서 화학 실험 하는 것만 보았지, 그렇게 돌아다니는 것은 거의 보지 못했으니까요.

한번은 경부고속도로를 타고 오다가 사모님을 생각해 "이리로 들어가면 '민속촌'이라는 곳이 있는데, 구경 좀 하고 가시면 어떻겠습니까?" 하고 제안했습니다. 그런데 민속촌으로 향하는 길에 너무 맑은 개울물이 있었습니다. 아니나 다를까 교수님은 차를 세우자고 했고, 그날도 역시 하루 종일 하루살이만 잡다가 해가 떨어지는 바람에 결국 민속촌 구경은 못 하고 돌아왔습니다.

마지막 날 밤 교수님은 조선호텔에서 내게 맥주를 사주셨습니다. 따라다니는 내내 여쭤 보고 싶은 것이 있었는데, 참다 참다 그날 용기를 내어 물었습니다. 여행을 시작할 무렵 나는 겨우 영어 단어를 내뱉던 수준이었지만 일주일 동안 따라다니며 주워들은 풍월로 마지막 날에는 제법 문장을 만들기 시작했습니다.

"선생님은 할 일이 그렇게 없으신가요? 왜 한국까지 와서 관광도 한 번 안 하고 개울물에서 첨벙거리다 가십니까?"

교수님은 기껏 내 조수 노릇 잘해 놓고 이게 무슨 뚱딴지같은 소리인가 하는 표정으로 나를 쳐다보셨습니다. 답이 없으시기에 나는 나대로 '아 내 영어가 짧아서 못 알아들으셨구나' 생각하고 어렵사리 표현을 바꿔 가며 같은 질문을 반복했습니다.

그제야 내 질문의 의도를 알아차린 교수님은 나이와 체격에 걸맞지 않게 익살을 떨며 내게 자기소개를 다시 했습니다. 갑자기 내 앞에서 일어서더니 마치 춤을 청하는 남자처럼 양팔을 몸의 앞뒤로 굽혀 올리며 다음과 같이 말씀하셨습니다.

"저는 미국 유타 대학 곤충학과의 교수입니다. 유타 주 솔트레이크 시티 산 중턱의 저택에서 밤이면 시내의 야경을 내려다보며 살고 있으며, 겨울에 눈이 오면 스키를 타고 학교에 가기도 합니다. 플로리다 주 바닷가에 별장도 한 채 갖고 있습니다. 금발의 미인을 부인으로 모시고 살며 하루살이를 연구하러 전 세계를 돌아다닙니다. 당신의 나라는 102번째 나라입니다."

그 순간 나도 모르게 교수님 앞에 무릎을 꿇었습니다. 그리고 물었습니다.

"어떻게 하면 선생님처럼 될 수 있습니까?"

어렸을 때부터 내가 하고 싶었던 일이 바로 그것이었습니다. 대학에 들어와서도 나는 도대체 어떤 직업을 택해야 강릉으로 돌아가 개울물에서 첨벙대면서 살 수 있을까, 늘 고민하며 지냈지요.

사실 나는 미래의 일을 찾기 위해 무척 고민했고, 적극적으로 그 길을 알아보러 다녔습니다. 당시 봉두완 씨가 뉴스 앵커로 활약했는데, 인기가 무척 좋았습니다. 고등학생 때 혼자 KBS로 그분을 직접 찾아

손잡지 않고 살아남은 생명은 없다

간 적도 있습니다. "선생님처럼 뉴스 앵커가 되려면 무슨 공부를 해야 되는 겁니까?" 하고 물어보았지요. 그때 그분은 점심을 사주며 이런저런 이야기를 해주었습니다.

그러다 몇 년 전쯤 한 공식적인 자리에서 마주 앉게 되었습니다. 서로 인사하고 명함도 교환했습니다. 봉두완 씨가 "최 교수님 글 잘 읽고 있습니다. 존경합니다" 하기에 "사실은 제가 고등학생 시절에 선생님을 찾아뵈었습니다" 하고 지난 일을 이야기했더니 너무 좋아했습니다.

그러니까 나는 적극적으로 어떻게 하면 놀고먹는 직업이 있을까 진지하게 찾아다닌 것입니다. 그런데 내 눈앞에 놀고먹는 영감님이 나타난 것입니다. 내 눈에 에드먼즈 교수님은 영락없이 놀고먹는 영감님이었습니다. 개울물에 들어가는 일만 하는 저 영감님은 무슨 복이 그토록 많아서 저렇게 전 세계를 여행하며 다니나 싶었던 겁니다.

나는 어릴 적 천장과 벽에다 세계 지도를 붙이고 살았습니다. 이담에 크면 가보고 싶은 나라들마다 동그라미를 치고, 그것들을 선으로 연결하며 세계 일주를 꿈꾸었습니다. 그런데 내가 그렇게도 바라던 삶을 사는 실존 인물이 눈앞에 버젓이 서 있는 게 아닙니까. 그런 분이 내게 "그럼 너는 미국에 유학을 와라" 하고 말씀하셨습니다.

그리고 직접 써가며 미국에 유학 오는 방법을 알려 주셨습니다. 사실 나를 에드먼즈 교수님에게 소개해 주었던 김계중 교수님이 1년 전에 이미 다 가르쳐 준 내용이었는데, 그때는 전혀 입력이 안 되더니 이번에는 완벽하게 머릿속에 박혔습니다.

그때 주신 리스트는 미국에서 이사를 너무 많이 하는 바람에 잃어버렸지만, 교수님은 아홉 개의 학교를 적어 주셨습니다. 그중 1번은 '하버드 대학(에드워드 윌슨 교수)'이었습니다. 저한테 씩 웃으시며 "너 보고 꼭 여기를 가라는 것이 아니라 좋은 순서대로 일단 써줄 테니 노력해 보라는 뜻"이라고 말씀하셨지요.

손잡지 않고 살아남은 생명은 없다

꿈의 끈을 붙잡고
앞만 보고 달리다

나는 어려서 한때 "세상에서 제일 존경하는 사람이 누구냐?" 하고 물으면 바로 '타잔'이라고 답했습니다. 타잔을 정말 흠모했습니다.

당시는 우리나라 사람들이 베트남전에 파병되던 시절이었는데, 아빠가 베트남전에 간 집에는 반드시 텔레비전이 있었습니다. 그래서 친구네 집에 가서 TV를 보곤 했는데, 특히 타잔 영화를 하는 토요일 저녁 시간에는 TV에 딱 달라붙어서 눈을 떼지 못했습니다.

그 집에선 저녁상을 차려서 먹어야 되는데, 옆집 애가 진드기처럼 앉아서 가질 않으니까 "너 집에 가서 저녁 안 먹냐?" 하면서 눈치를 주셨어요. 그러면 저녁을 안 먹었는데도 "벌써 다 먹고 왔습니다" 하고 거짓말을 해서라도 타잔 영화를 꼭 봤습니다.

사실 타잔이라는 주인공을 좋아했다기보다는 그 영화의 배경을 굉장히 좋아했습니다. 시원한 나무 위에 그림 같은 집을 짓고 잘 익은 바나나며 파인애플이 흐드러진 곳. 천국이 있다면 아마 저런 곳이리라 생각했지요.

강릉에서 대관령을 오르락내리락했는데, 대관령과는 너무나 다른 숲이 그곳에 있었습니다. 대관령은 아무리 다녀도 동물 보기가 어렵습니다. 겨울에 눈 오면 겨우 노루 발자국 쫓아가다가 노루 보고 토끼 만나고 그 정도지 그렇게 대단한 동물은 볼 수가 없지요.

그런데 타잔 영화에는 코끼리, 표범, 사자, 악어 등 별의별 동물이 다 나왔습니다. 게다가 타잔 옆에는 늘 '치타'라는 이름의 침팬지가 따라다녔습니다. 그걸 보면서 "하~ 저런 데를 내가 가야 되는데" 하며 영화의 배경만 보았습니다. 거기 나오는 동물들만 본 것입니다.

기어코 이다음에 크면 저기에 가겠다고 했는데, 커서 알아보니까 타잔 영화 속 배경은 사실 할리우드에서 만든 큰 세트였습니다. 내가 가려고 꿈꿨던 곳이 할리우드였던 것이지요.

용기 있는 자가 기회를 얻는다

막상 유학을 결심하고 나니 그동안의 방황이 그렇게 야속할 수 없었습니다. 워낙 학점 관리를 안 해서 도저히 유학을 갈 수 있는 성적이 못되었습니다. 하지만 에드먼즈 교수님을 만난 후 4학년 때 엄청나게 많은 과목을 수강하고 전부 A를 받아서 불도저 작전으로 꽉 메웠습니다. 가까스로 3.0에 턱걸이한 성적으로 우여곡절 끝에, 또 에드먼즈 교수님의 추천사 덕분에 미국에 가게 되었습니다.

성적이 별로 좋지 않았고 전공도 그동안 거의 접해 보지 못한 분야를 택한지라 줄잡아 스무 곳도 넘는 학교에 지원서를 냈고, 다행히 세 곳에서 입학허가를 받았습니다. 뉴욕 주립대학교, 플로리다 대학교, 펜실베이니아 주립대학교에서 각각 입학통지서가 날아왔습니다.

김계중 선생님이 한국에 와 계실 때 만난 적이 있는 부모님은 한사코 아는 분이 있는 데로 가야 한다고 했습니다. 그래서 나는 미식축구의 명문 펜실베이니아 주립대학교 대학원 생태학부에 입학했고, 얼마 후 김계중 교수님의 제자가 되기로 하고 그 연구실로 들어갔습니다.

생태학을 전공하면 〈동물의 왕국〉에 나오는 것처럼 아프리카에 가서 기린이나 코뿔소를 잡아 동물원에 데려다주는 일을 하게 되는 줄 알았는데, 생태학은 그보다 훨씬 넓고 깊이 있는 학문이었습니다. 워낙 배운 게 없던 나는 대학원 수업은 물론 학부 수업들도 죄다 찾아다니며 정말 신 나게 공부했습니다. '공부가 이리 재미있는 것인 줄 진즉에 알았더라면 아버지 속을 그리도 끔찍하게 썩여 드리지 않아도 됐을 것을' 하고 후회가 막심했습니다.

펜실베이니아 주립대에서 석사 논문을 쓰던 시절, 아내는 나에게 결혼기념일을 기해 보스턴에 가보면 어떻겠느냐고 제안했습니다. 바로 전해 추수 감사절 기간에 잠시 귀국하여 결혼식을 올리고 돌아온 우리 부부에게는 그때가 첫 결혼기념일이었습니다. 음악을 하는 아내에게 보스턴은 늘 가보고 싶은 도시였고, 나는 나대로 다른 속셈이 있었습니다. 사회생물학의 태두인 하버드 대학의 에드워드 윌슨 교수님을 만나보고 싶었습니다.

내 영어를 고쳐 주던 첫 미국인 친구이자 현재 미국 클렘슨 대학 곤충학과 교수인 피터 애들러Peter Adler에게 나는 윌슨 교수님에게 보낼 편지를 보여 주었습니다. 피터는 영어를 고쳐 주기는커녕 '어떻게 그 위대한 윌슨 교수님에게 편지 쓸 생각을 하나, 뭐 이렇게 겁 없는 놈이 다 있나' 하는 표정으로 나를 쳐다봤습니다.

시도해 보기 전에는 모르는 일 아니냐며 나는 그가 고쳐 준 편지를 부쳤습니다. '편지 보낼 자유도 없나? 답장을 안 하면 그만이지 뭐' 이런 생각이었습니다. 얼마 후 윌슨 교수님에게 날아온 답장을 보여 주었을 때 놀라움을 감추지 못하던 피터의 모습을 나는 지금도 잊지 못합니다. 얌전한 줄로만 알았던 한국 촌놈의 용맹함에 당황해하는 기색이 역

손잡지 않고 살아남은 생명은 없다

력했습니다.

보스턴으로 출발하기 전날 윌슨 교수님에게 찾아뵈러 떠난다고 전화를 드렸고, 보스턴에 도착해서도 곧 찾아뵙겠노라고 전화를 드렸습니다. 오후 2시에 만나기로 했는데, 30분이나 일찍 도착해 연구실 복도 저편에서 기다리다가, 정확히 약속 시간 3분 전에 연구실 문을 두드렸습니다.

사진으로만 보던 윌슨 교수님의 첫 인상은 마음 좋은 동네 아저씨 같았습니다. "어서 들어오라"며 따뜻한 얼굴로 나를 맞이해 주었습니다. 하지만 첫마디가 갑자기 교수회의가 잡혀서 15분밖에 함께할 수 없다는 것이었습니다. 펜실베이니아에서 열 시간도 넘게 운전을 해서 달려왔는데, 게다가 며칠 전부터 편지도 보내고 전화도 드렸는데 15분밖에 못 준다고 하니 참으로 야속한 마음이 들었지만, 애써 밝은 표정을 지으며 이야기를 시작했습니다.

간단한 서로의 소개가 끝나자 선생님은 영어를 어떻게 배웠느냐고 물었습니다. 사실 나는 미국 땅을 밟자마자 그 땅에서 성공하려면 무엇보다 먼저 말을 제대로 해야겠다고 생각하고 어떤 의미에서는 전공보다 영어 공부를 더 열심히 했습니다. 영어 발음을 성대모사 수준으로 연습했고, 피터의 헌신적인 도움 덕분에 거의 1년 남짓 만에 나는 미국인들에게 남부가 고향이냐는 질문을 받기에 이르렀습니다. 내 영어 개인교사인 피터가 웨스트버지니아 주 출신이었지요.

그 이야기를 하는 동안 시간은 속절없이 흘러갔습니다. 연신 책상 밑 시계를 훔쳐보고 있는데, 선생님의 다음 질문이 이어졌습니다.

"요즘 한국 정세는 어떠냐?"

시계는 이미 2시 13분을 넘기고 있었습니다. 나는 용기를 내어 말했습니다.

"윌슨 선생님, 저는 열 시간도 넘게 운전하여 이곳에 왔습니다. 그런 제게 15분만 할애하시는 것은 솔직히 아주 불공평하다고 생각합니다. 선생님이 시간이 없으시다니 할 수 없지만, 어쨌든 이제 제게 남은 시간은 2분뿐입니다. 이 상황에서 저는 선생님 질문에 답을 드릴 수 없습니다. 제가 왜 선생님을 찾아왔는지 2분만이라도 설명할 수 있게 해 주십시오."

순간적으로 나는 교수님의 얼굴에서 놀라움을 읽을 수 있었습니다. 우리는 그날 결국 세 시간을 함께 보냈습니다. 나중에 안 사실인데, 워낙 바쁜 윌슨 교수님은 그렇게 만나는 사람마다 일단 15분의 시간을 주고 그 15분 동안 그 이상의 시간을 투자할 가치가 있는지 없는지를 판단한다고 합니다. 더 이상 만나 시간을 보낼 가치가 없다고 판단하면 "또 다음에 만나자" 하면서 웃으며 내보내고, 반대의 경우라면 "아~ 뭐 교수회의 안 가지" 하면서 그렇게 이야기를 이어 간다는 것입니다.

나 역시 그 일생일대의 기회를 그렇게 섣불리 준비하지는 않았습니다. 이미 펜실베이니아 주립대에서 매우 희귀한 곤충인 민벌레의 사회

손잡지 않고 살아남은 생명은 없다

성 진화를 장차 박사학위 연구 주제로 삼으려는 계획을 세워 두었습니다. 그리고 윌슨 교수님이 앨라배마 대학에서 학부생 시절에 쓴 첫 논문이 민벌레에 대한 것이었음을 알고 있었지요.

그날 내가 민벌레를 연구하고 싶다는 말을 꺼내자 윌슨 교수님은 누렇게 변한 자신의 첫 논문을 꺼내 보이며 흥분을 감추지 못했습니다. 그 순간 나는 교수님의 제자가 될 것이라고 확신했습니다.

1983년 여름 내가 하버드 대학에 둥지를 튼 첫날, 나는 무엇보다도 먼저 '당신이 추천했던 바로 그 하버드 대학의 윌슨 교수 연구실에 와 있다'는 내용으로 에드먼즈 선생님에게 편지를 썼습니다. 미국에서 그 당시 보통우편은 대개 이틀이 걸렸습니다. 정확하게 이틀 후 내 연구실 전화가 울렸고, 수화기 저편에는 마치 자신의 일인 양 반가워하는 에드먼즈 선생님이 계셨습니다.

그해 겨울, 나는 미국곤충학회에 가서 에드먼즈 선생님을 다시 만났습니다. 선생님은 그 큰손으로 내 손을 꽉 쥐신 채 마치 아들처럼 학회장을 뱅뱅 돌며 나를 온갖 유명한 분들한테 일일이 소개하셨습니다.

자신이 좋아하는 것 한 가지에 몰두하는 사람

사실 나는 윌슨 교수님의 제자가 될 만한 능력을 갖추지 못한 사람이었는데, 앞에서 설명한 일련의 사건들 덕에 그분의 제자가 되어 참 좋은 대학에 가서 공부하게 되었습니다. 그런데 하버드에 가니까 일상생활에선 뭔가 모자라는 것처럼 보일 정도로 무엇인가 한 가지에 몰두하는 친구들이 많았습니다. 자신이 좋아하는 무언가에 전념하는 사람들이 많이 모여 있고, 또 그런 사람들이 연구할 수 있게끔 아낌없이 지원해 주는 곳이 하버드였습니다.

한 가지에만 몰두하는 사람 하니까 떠오르는 사람이 있습니다. 박사과정을 하버드에서 하지 않았다면 나는 미시간 대학으로 갔을 것입니다. 그곳에는 1980년대 초반까지 다윈 이래 가장 위대한 생물학자로 추앙받던 윌리엄 해밀턴William Hamilton 교수가 있었습니다.

리처드 도킨스의 명저 《이기적 유전자》에 소개되어 학자들은 물론 일반인에게도 널려 퍼진, 이른바 혈연 선택의 개념으로 일찍이 다윈도 풀지 못한 자기희생 또는 이타주의의 진화를 설명해 낸 분이 바로 해밀턴 교수님입니다.

해밀턴 이전의 모든 세상 사람들은 일벌이나 일개미들이 보이는 극도의 이타주의를 개체 수준에서만 바라보았습니다. 그러니 도대체 왜 자기 목숨을 버리면서까지 군락을 지키려 하는지, 그리고 스스로 번식을 포기하고 여왕개미를 위해 평생 일만 하는지 이해할 수 없었지요.

자신과 유전자를 공유하는 다른 개체들, 즉 친족들을 도와 그들로 하여금 좀 더 활발하게 번식할 수 있게 하면, 자신의 유전자 일부가 후세에 간접적으로나마 전달될 수 있다는 것을 해밀턴 교수님은 우리에게 처음으로 보여 주었습니다. 오로지 자기 자식을 통해서만 진화적 적응도를 높이는 게 아니라 친족을 통해 포괄적으로 이룰 수도 있다는 그의 이론은 실로 혁명적인 것이었습니다.

박사학위를 하러 갈 대학을 찾으면서 나는 해밀턴 교수님에게 편지를 드렸습니다. 당시 아내는 이미 그 전해에 미시간 대학 음악학 박사과정 입학허가를 받아 놓은 상태였습니다. 나도 같이 지원했는데 떨어지고 말았습니다. 아내가 고맙게도 1년을 기다려 주었고, 나는 그다음해 다시 지원했습니다. 그리고 드디어 나에게도 입학통지서가 날아왔습니다.

해밀턴 선생님이 며칠 다녀가도 좋다고 하여 아내와 나는 미시간으로 차를 몰았습니다. 그 겨울 선생님 댁에서 보낸 닷새는 정말 꿈만 같은 시간이었습니다. 저녁마다 선생님과 나는 거실 소파에 앉아 선생님의 이론으로 설명할 수 있을 법한 수많은 생물학 현상에 대해 끝없는 대화를 나누었습니다. 당대의 가장 위대한 생물학자와, 그것도 그분의 집에서 매일 밤 토론을 즐길 수 있다는 것은 말로 다할 수 없는 영광이었습니다.

닷새가 거의 다 지나 집으로 돌아갈 채비를 하는 내게 선생님은 떠나기 전 연구실로 한 번만 더 들러 달라고 하셨습니다. 마지막으로 마주한 자리에서 선생님은 한참을 망설이다가 영국으로 돌아가게 될지도 모른다고 말씀하셨습니다. 원래 교수님은 영국 분입니다. 지금 영국 왕립학회의 회원자격 심사가 진행 중인데 만약 통과되면 옥스퍼드 대학으로 가게 될 것 같다고 하셨고, 그 바람에 어쩔 수 없이 미시간 대학에 가지 못하고 말았습니다.

그런데 해밀턴 교수님을 만났을 때 이런 일화가 있습니다. 점심 때 프린스턴 대학에서 교수들이 와서 세미나를 하는데, 참석하고 싶으면 11시 45분쯤 선생님 방으로 오라고 했습니다. 베이글을 좋아하느냐고 물으시기에 "좋아한다"고 했더니 본인이 점심 당번인데 베이글에다 크림치즈를 발라서 내놓을 생각이라고 하셨지요. 그날 세미나에 참여하는 그 박물관 같은 층 사람들 도시락을 다 준비해야 한다고 했습니다.

약속한 시간에 맞춰 가니 선생님은 열심히 베이글에 크림치즈를 바르시는 중이었습니다. 이미 발라 놓은 베이글 두 개를 책상 끝에 놓고는, 그 옆에서 베이글 반쪽을 손바닥에 올려놓고 치즈를 바르고 계셨지요. 그런데 자꾸 손이 치즈 발라 놓은 베이글을 미는 겁니다. 옆에서 보니까 떨어지기 일보 직전이었습니다. 아니나 다를까 크림치즈 바른 쪽으로 바닥에 툭 떨어졌어요. 그러자 선생님은 그걸 집어서 바지에 슥슥 문질러 닦더니 다시 올려놓았습니다. 내가 보고 있는 사이에만 서너 번

손잡지 않고 살아남은 생명은 없다

을 떨어뜨리셨습니다.

만약 정상적인 사람이라면 떨어지지 않게 베이글을 책상 가운데로 옮겼겠지요. 하지만 선생님은 계속 떨어뜨리며 똑같은 행동을 반복했습니다. 저렇게 머리가 안 돌아가나 싶겠지만, 그분은 늘 새로운 이론을 만들어 내는 천재입니다. 그런 분이 일상생활에서는 이렇게 뭔가 부족한 것입니다.

문을 잡아당기라고 하는데 미는 사람인 것이지요. 하지만 저런 사람들에게도 무언가가 있습니다. 하버드 대학에 모인 그 많은 학생들처럼 말입니다. 하지만 이상하게 우리 사회는 모든 걸 다 잘해야 기회가 주어집니다.

대학에 있다 보니 나를 찾아오는 고등학생이 심심치 않게 많습니다. "선생님 저는 굉장히 개미를 좋아하는데요" 하며 이야기를 시작해, 개미에 관한 온갖 이야기를 다 하는 겁니다. 서울대학교 생물학과에 있을 때였는데, 그런 학생들이 찾아오면 늘 말미에 나도 모르게 하게 되는 질문이 있습니다.

"근데 너 공부는 잘하냐?"

왜냐하면 공부를 어느 정도 잘해야 내가 있는 대학에 입학할 수 있고, 그래야 데리고 함께 연구할 수 있으니까요. 예전에 만났던 고등학생 한 명도 참 탐이 났는데, 나보다 한국 개미에 대해서는 훨씬 많이 알고 있는 친구였습니다. 그런데 공부는 썩 잘하지 못한 모양이에요.

다행히 그 친구는 세상에 많이 알려져 여러 매체에 소개도 되고, 과학 공모전 같은 데서 입상한 것으로 다른 대학에 입학했다고 합니다. 하지만 당시 내가 몸담고 있던 서울대에는 그렇게 특차 전형으로 입학시킬 수 있는 규정이 없었습니다. 그래서 좋은 학생을 놓칠 수밖에 없었지요.

미국의 많은 대학에서는 교수 재량으로 학생들을 뽑을 수 있습니다. 나와 같이 하버드 대학원에 있던 친구 중에 1984년에 들어와 21년 만에 박사학위를 딴 친구가 있습니다. 처음 그 친구를 보고 참 놀랐습니다. 미시간 대학에서 법학을 전공하고 변호사로 일하다 갑자기 식물들을 어떻게 분류하는지 알고 싶다고, 식물분류학 교수를 찾아가 부탁했다고 합니다. 잠재력이 아주 뛰어나다고 판단한 교수가 그를 입학시킨 것이지요. 대학 성적표에는 생물학의 'ㅅ' 자도 없고, 태어나서 한 번도 생물학을 배운 적 없는 사람인데 하버드 대학 생물학과에서 박사학위를 받을 수 있는 기회를 준 것입니다.

우리나라도 그렇게 한 분야에서 뛰어난 능력을 보이는 학생들이 자기가 원하는 공부를 할 수 있는 시대가 오면 좋겠습니다.

타잔의 나라, 열대에 가다

1984년 드디어 나는 그렇게 꿈꾸어 왔던 '타잔의 나라'에 가게 되었습니다. 파나마 운하 한가운데 떠 있는 콜로라도 섬에 있는 미국 스미스소니언 열대연구소에 가게 된 것이지요. 처음 그곳에 간 날, 나는 잠을 이룰 수 없었습니다. 흥분에 휩싸여 뜬눈으로 밤을 새운 다음, 아침 일찍 연구소 사무실에 들러 섬의 등산로 지도를 받아 들고 곧바로 산에 올랐습니다.

열대 정글에 들어서니 정말 한 발자국 떼기가 힘들었습니다. 파란색 목주머니가 달린 도마뱀이 주머니를 앞으로 내밀었다 디밀었다 하고, 가끼이 가서 볼라치면 나무 뒤로 싹 숨고, 나 잡아 봐라 하는 식으로 돌아다니기 일쑤였습니다. 날개에 69라는 숫자가 적혀 있는 나비가 날아오지 않나, 키는 자그마한데 조끼 입은 것처럼 털이 난 녀석이 덤비지 않나(바로 개미핥기였습니다), 직접 보지 못했던 신기한 동물들이 가득한, 그야말로 '동물의 왕국'이었습니다.

한나절을 올랐는데도 볼 것이 너무 많아서 겨우 15미터 정도밖에 가지 못했습니다. 이러다가는 싸 온 도시락을 연구소 사무실 바로 옆에서 먹게 될 것 같아 눈을 질끈 감고 조금 속도를 냈습니다.

얼마나 걸어 들어갔을까요. 갑자기 머리 바로 위에서 '캑캑', '우우' 하는 왁자지껄한 소리가 들렸습니다. 무슨 일이 났나 하고 고개를 들어 올려다보니 얼굴에 흰 털이 복슬복슬 나 있는 흰얼굴꼬리말원숭이들이 나를 내려다보고 있었습니다. 나와 시선이 마주치자 한 일고여덟 마리가 이리 뛰고 저리 뛰고 난리가 났습니다.

동물원 철책 밖에서 처음으로 영장류를 만난 순간이었습니다. 영장류를 보는 것은 다른 동물을 보는 것과는 완벽하게 다른 느낌이었습니다. 내 사촌을 만난 것과 같으니까요. 나는 그 자리에서 뭔가를 관찰해야 할 것 같아 수첩을 꺼내 막 적기 시작했습니다.

사실 그때 나는 영장류를 어떻게 연구해야 되는지 전혀 아는 바가 없었습니다. '한 마리가 옆 나무로 이동했다' 이런 식으로 그들의 일거수일투족을 상세히 적어 내려갔지요. 나중에 제인 구달 박사님을 만나서 이런 이야기를 했더니 귓속말로 "나도 처음엔 그랬어" 하셨습니다.

한참 원숭이들을 지켜보고 있는데, 어느 순간 내가 원숭이들을 지켜보는 것이 아니라 저들이 나를 관찰하고 있다는 생각이 들었습니다. 사실 그들 입장에서 보면 웬 '털 없는 원숭이' 한 마리가 나타나 자기들의 담 안을 기웃거리고 있는 것일 테니까요. 우리는 늘 인간의 관점에서만 세상을 가늠합니다. 하지만 그때만큼은 동물들의 입장에서 생각해 본 순간이었습니다.

그런데 갑자기 주변이 어두워지더니 웅웅거리는 소리가 들려왔습니다. 영화 〈라이언 킹〉에서 심바의 아버지가 죽기 바로 전 누우들이 막 달려올 때 나는 발굽 소리처럼 말입니다. 원숭이들은 아까보다 더 높고 가는 소리를 내며 황급히 어디론가 사라져 버렸습니다.

어디서 멧돼지 떼라도 달려오나 하고 두리번거리고 있는데 천장이 무너져 내리듯 숲의 꼭대기가 열리면서 물이 바가지로 쏟아졌습니다. 순식간에 속옷까지 쫄딱 젖어 버렸습니다. '이게 무슨 소리인가' 했더니 바로 저 위 나뭇잎에 비 떨어지는 소리였던 겁니다. 나뭇잎들이 비를 품고 있다가 한순간에 확 터진 것이지요.

나는 한참 동안 그렇게 가만히 서서 쏟아지는 비를 맞았습니다. 그러다 갑자기 두 손을 하늘로 치켜들고 이렇게 소리를 질렀습니다.

"아~ 행복하다!"

방황은 젊음의 특권

나는 '방황은 젊음의 특권이다'는 말을 자주 합니다. 앞서 보았듯 누구보다 나 자신이 굉장히 많은 방황을 한 젊은이였으니까요. 하지만 오랜 방황 끝에 막상 내가 좋아하는 공부를 시작하니 '인간은 왜 자야 하나' 하는 생각이 들 정도로 잠자는 시간이 아까웠습니다. 밤이 오는 것이 싫을 정도였습니다. 할 게 너무 많았으니까요. '내가 이렇게 변할 수도 있구나' 스스로도 놀라웠습니다.

어릴 적 아버지는 나에게 '연필깎이'라는 별명을 지어 주었습니다. 공부하라고 하면 연필 깎고 방 청소부터 했거든요. 청소하느라 하루를 다 보내고 결국 공부는 한 자도 안 하고 잠드는 날이 더 많았지요. 그랬던 내가 공부가 너무 재미있고 좋아서 경주마처럼 앞만 보고 달렸습니다. 15년을 그렇게 달리니까 상대적으로 늦게 공부를 시작했는데도 웬만큼 따라갈 수 있었습니다.

충분히 방황하기 바랍니다. 하지만 여기서 '방황'은 방탕과 다릅니다. 그러니 절대 방탕은 하지 말고 방황하십시오. '아름다운 방황' 말입니다. 나처럼 봉두완 씨도 찾아가고, 여러 선생님을 찾아가 보십시오.

나는 심지어 사회운동 하는 사람을 찾아가서 "사회운동 해도 밥 벌어먹고 살 수 있나요?" 물어본 적도 있습니다. 시인을 찾아가 "제가 시인이 되면 강릉에 돌아가 개울물에 들어갔다가 시나 몇 줄 쓰고 그러면서 평생 살 수 있을까요?" 하는 질문도 했습니다. 한때는 신춘문예에 도전해 볼까 했던 적도 있고, 조각가가 되고 싶어 좋아하는 작가들을 찾아가 보기도 했지요. 종교에 귀의할까 하는 생각도 했습니다.

내가 평생 가야 할 길을 찾기 위해 이리저리 막 두드려 보았습니다. 그것은 방탕이 아니라 방황이었습니다. 여러분도 마음껏 방황하십시오. 먹고 잠자는 시간을 제외한 매 순간 내가 가장 하고 싶은 일, 단 한 순간도 이것을 하지 않으면 못 견디겠다 하는 일이 무엇인지 악착같이 찾는 아름다운 방황을 하기 바랍니다.

그러한 방황의 끝에서 드디어 꿈의 끈을 잡으면 그것을 꽉 쥐고 앞만 보고 달리면 됩니다. 과학 하면 돈 못 번다던데, 고급 차 못 탄다던데 하는 사람은 고급 차 타는 학문을 하면 됩니다. 돈이 어디로 굴러가나 하는 것을 공부해서 돈 벌면 됩니다.

하지만 나는 돈이 나를 따라오는 것이지, 내가 돈을 좇는 것은 아니라고 생각합니다. 사실 나는 별로 부자는 아닙니다. 고등학교 3학년 때 같이 의과대학에 지원했던 친구들을 얼마 전 동창회에서 만났습니다. 내가 좀 늦게 갔는데, 마침 의사들끼리 한 테이블에 앉아 있었습니다.

나를 부르기에 그쪽으로 가서 앉았는데, 그날 저녁 내내 화제가 모두 나처럼 살았으면 좋겠다는 것이었습니다. 그래서 내가 이렇게 말했습니다.

"미쳤냐? 너네랑 바꾸게? 툭하면 한밤중에도 뛰어나가고, 거의 하루 종일 병원에 있어야 하고, 돈을 아무리 많이 벌어도 쓸 시간이 없어서 부인하고 아이들이 신 나게 쓴다면서?"

돈 쓸 줄을 몰라서 기껏해야 학생들 점심 사주고, 책 사 보는 게 전부지만, 그래도 나는 내가 번 돈은 내가 쓰고 삽니다. 돈을 벌어 보려고 단 1분도 노력해 본 적 없지만, 한 번도 돈이 궁했던 적은 없습니다. 좋아하는 일을 하다 보니 저절로 돈이 들어왔습니다.

지금까지 100년의 반 토막 남짓 살았는데, 이제껏 한 번도 자신이 좋아하는 일을 매일같이 하면서 굶어 죽었다는 사람은 본 적이 없습니다. 그러니 내가 제일 좋아하는 일에 과감하게 뛰어드십시오. 뛰어들어서 열심히 하다 보면, 언젠가는 자신이 뭔가 의미 있는 일을 하고 있음을 발견하게 될 것입니다.

물론 능력에 따라서 빨리 이루는 사람이 있고, 나처럼 좀 오래 걸리는 사람도 있을 것입니다. 하지만 오래 걸려도 자기가 하고 싶은 일을 하면 늘 행복합니다.

손잡지 않고 살아남은 생명은 없다

아우름이

손잡지 않고
살아남은 생명은 없다

1판 1쇄 발행 2014년 12월 24일
1판 17쇄 발행 2024년 11월 29일

지은이 최재천
펴낸이 김성구

콘텐츠본부 고혁 양지하 김초록 이은주 류다경
디자인 이영민
마케팅부 송영우 김지희 김나연 강소희
제작 어찬
관리 안웅기

디자인 NOSTRESS 민유경

펴낸곳 (주)샘터사
등 록 2001년 10월 15일 제1-2923호
주 소 서울시 종로구 창경궁로35길 26 2층 (03076)
전 화 1877-8941
팩 스 02-3672-1873
이메일 book@isamtoh.com
홈페이지 www.isamtoh.com

ISBN 978-89-464-1886-8 04400
ISBN 978-89-464-1885-1 04080(세트)

값은 뒤표지에 있습니다.
잘못 만들어진 책은 구입처에서 교환해 드립니다.